JN252642

中学校数学の授業デザイン 2

生徒の姿から指導を考える

布川 和彦 著

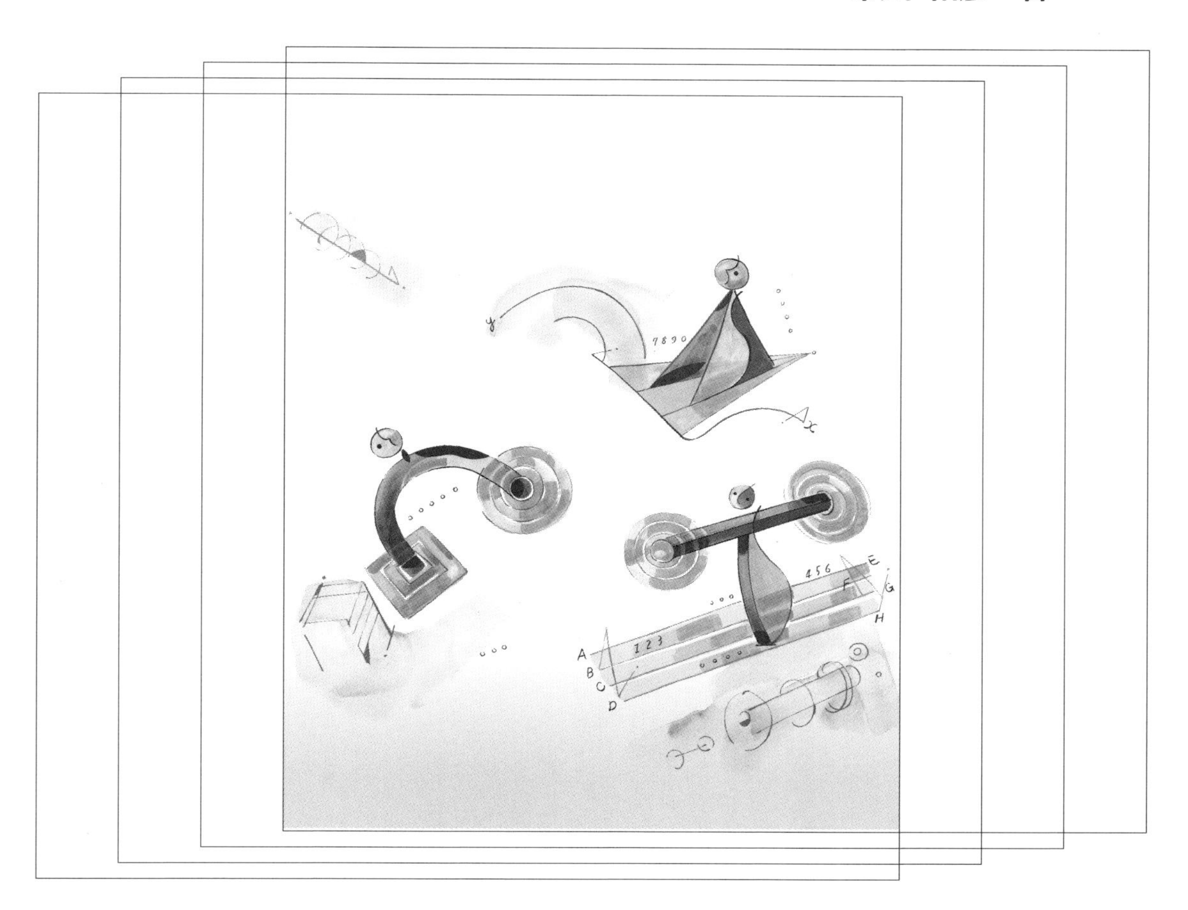

学校図書

■■はじめに

数学の授業にとって重要なものは何だろうか？

生徒たちにいろいろと考えてもらい，意見を出してもらうためには，まずはよい課題が重要になる。また，生徒がとりかかりやすい課題提示をする，生徒が考える手がかりを補う，生徒の話し合いを整理する，大切なポイントを的確にまとめるといった，私たちの授業力も問われるであろう。さらには，グループでの活動をじょうずに採り入れるなど，学習形態の選び方などに工夫をされる先生方もいらっしゃるかもしれない。

もちろんこれらの要因はすべてよい授業に直結するものであろう。しかし，これらの要因に十分に注意をはらい授業をしたつもりなのに，授業の肝心な部分になったら生徒がいまひとつすっきりした表情をしていないということがある。また，授業では盛り上がって手応えがあったのに，テストのときや別の授業で問題を解かせてみたら，生徒が思いがけない間違いをして首をかしげてしまうことがある。本書で先生方にお示ししたかったのは，こんな場面で考えるためのヒントになりそうなことである。

私のいる大学には，いろいろな県ですでに豊かな教職経験を有する先生方が，さらに高いレベルを求めて大学院生としておいでになり，それぞれの問題意識をもとに研究を行ってこられた。そうした先生方の研究指導を行う際に，先生方が収集された生徒たちの学習のようすをもとに議論をしたり，あるいは先生方のそれまでの指導経験から気付いたことを教えていただいたりしていると，生徒たちの学び方や考え方と，私たち教師の期待するものとの間に，微妙な食い違いがあるような気がしてきた。

例えば，生徒の授業中の発言や書いたことの意味が，最初はよく理解できないことがある。現職教員や教員養成に携わってきた私たちが数人集まっているにもかかわらず，「えっ？」「なに？」となってしまうのである。しかしその後，「こう考えているのでは」という意見を互いに交換していると，徐々に生徒の考えていることが見えてきて，最後には生徒が自分なりの理解や論理をもとに一生懸命考えていたことがわかってくることがある。こんなとき，生徒が見ているはずと私たち教師が思っているものと，生徒たちに見えているものとの微妙な違いを感じてしまうのである。大きな違いなら目立つのだが，微妙な違いは目立ちにくい。そして，こうした生徒と私たちの微妙な食い違いが徐々に積み重なる中で，数学がわからなくなってしまう生徒もいるのではないかとの危惧も感じるようになった。

だとすれば，そうした微妙な食い違いがあることを私たち教師が知り，食い違いが原因かもしれないと思われる場面で，それに基づく手を打てるならば，つまずかずに済む生徒を増やせるかもしれない。数学がわからないという困った状態になる前に，その小さな芽を摘むことができるかもしれない。本書はそんな思いから，自分の知ることのできた食い違いについて情報提供させていただくこととした。

上でも述べたように，本書で書いたことは，上越教育大学大学院でいっしょにデータの分析・検討をしてきたゼミの院生諸氏，あるいは講義や発表会のときにいっしょに討議をした院生諸氏に負うところが大きい。また，私のいる新潟県上越地区には，上越数学教育研究会があり，特にその勉強会であるΣ会は毎月開催されている。そこでの先生方との議論からも影響を受けている。日々生徒たちと接している中学校の先生方に比べると，どうしてもリアリティのうすくなりがちな自分であるが，もしも本書の中に少しでも読者の経験に沿うもの，お役に立ちそうなものがあるとすれば，それは上の院生や地元の先生方のおかげである。

2016年 春

著者

CONTENTS

第1章　■■生徒が直面する困難への気付き　5
第1節　生徒の感じる困難と教師の視線　5
第2節　文字式のとらえ方に関わる生徒の困難　18

第2章　■■生徒の経験した算数・数学に目を向ける　32
第1節　式の学習における小中の微妙な差　32
第2節　かたちと図形　46
第3節　その他の小中のずれ　61

第3章　■■「パターンの探究」ととらえてみよう　66
第1節　「パターンの科学」としての数学　66
第2節　文字式を用いた説明とパターンの科学　75
第3節　「なぜ？」に応える指導　86

第4章　■■「なぜ？」を促す，生徒にも自分にも　94
第1節　生徒の「なぜ？」　94
第2節　私たちの「なぜ？」　103

第5章　■■ユーザー目線で考えてみる　115
第1節　ボールを投げる　116
第2節　ユーザー目線から感じること　121

第1章 生徒が直面する困難への気付き

自分としてはかなりていねいに説明しているはずなのに，生徒がいまひとつすっきりした表情を見せないといった経験はないだろうか。生徒も気をつかってくれ，「わかった？」と尋ねると「はあ」とか「まあ」と答えてはくれるが，両者ともに手応えがうすい。最初にご紹介する事例も，まさにそのような感じのものである。

これは中学校3年生の2次方程式の授業の際に，ある中学校の先生が実際に経験されたやりとりをビデオから再現したものである。途中で生徒は何かを聞きたそうであるが，両者の会話は少し噛み合わない感じがする。どうして噛み合わないのかを予想しながら読んでいただきたい。

会話が噛み合わない原因は，生徒の理解と教師の理解のちょっとした食い違いにありそうなのであるが，そのちょっとした食い違いがこうした日々のズレを引き起こす。また，それがちょっとした食い違いではあっても，実は重要な齟齬であることも本章の後半で見ていきたいと思う。

第1節 生徒の感じる困難と教師の視線

(1) 生徒の目から見た「困難」

噛み合わない会話は，2次方程式についての練習問題を各自で考えている場面で見られたものである（太田，2003）。ここで出てくる生徒は$(x+6)^2=6$を解こうとして，$(x+6)=\pm\sqrt{6}$としたところで手が止まっていた。そのとき教師はクラス全体に対して，わからない人は$(x-3)^2-5=0$の次のような解法が書かれた教科書の例8を参考にするようヒントを出した。

$$(x-3)^2=5$$

$$x-3=\pm\sqrt{5}$$

$$x=3\pm\sqrt{5} \qquad 答\quad x=3\pm\sqrt{5}$$

しかし，当該の生徒はそのページを開いているにもかかわらず，教師に「ヒントって何ページ？」と確認しただけで，動きが止まってしまっていた。

そこで，生徒の近くにいた個別支援を担当する教師が，次のように支援を行い，2人のやりとりが始まった。

教師： ここ［$\pm\sqrt{6}$］には2つの数字あんだよね。何と何かわかる？

生徒： $+\sqrt{6}$と$-\sqrt{6}$。

教師： うん。だからそれがここ［$(x+6)=\pm\sqrt{6}$の次の行］にくればいいってことになるわけでしょ。または。

生徒： ん？ もう一回。

教師： その2つの数字をばらばらにしたのを，次に，「または」っていって書いているわけでしょ。で，これも2つの数字をまとめて書いてるから，ばらばらにして，$\sqrt{6}$とあともう一つ何になる？

生徒： $-\sqrt{6}$。

教師： うん。というのをまず書きましょうということなの。

教師はまず，生徒が書いていた「$(x+6)=\pm\sqrt{6}$」の次に進めるよう，複号の意味を確認している。この支援を受けて，生徒はその次の行に「つまり$x+6=\sqrt{6}$または$x+6=-\sqrt{6}$」と書くことができた。しかし，その次には，まず「$x=6\sqrt{6}$」と書いた。ここで10秒ほど考えたあとにこの式は消すものの，今度は「$x=-6\sqrt{6}$」と書き，さらに「$x=-$」と書きかけたところで，教師に次のように質問をした。

生徒： 先生これさあ，何で$-$と$-$で$+$になったりすんの？

教師： これ何算や？

生徒： ん？

教師： 何算？

生徒： 何算？ たし算。

教師： うん，ところがこれは，どういうふうな計算をするとxだけになるの？

生徒： -6。

教師： -6にすんだけど，-6をどこにどう書くの？

生徒： こことここ？［右辺の$\sqrt{6}$と$-\sqrt{6}$のあとを指す］

教師： 例えばさ，これ［$(x-1)^2=81$］だったらば$+1$になるんだよね。$+1$をどんなことやって10にしたの？

生徒： これたした？

教師： そっちにたしたんだよな。で，ここも，数字同じように整数なんだから，同じ計算しなきゃいけないでしょ。これだったら$9+1$な。これだったらば$\sqrt{6}$？

生徒： $+6$？ -6？

教師： 何だっけなあ？ 符号変わったなあ。$+6$が-6になるって言ったんだから？

生徒： え？ 移項，移項して。

教師： うんそうそうそう，移項に気がついたらばそれでいいんだよな。

生徒： でこれ［$-6\sqrt{6}$］は違うの？

教師： だってこれってさあ，何算？ かけ算してるよね。-6と$\sqrt{6}$をかけ算してるんだよ。

生徒： え？ -6ですね，これは。

教師： うん，そこでかけ算してるから，ひき算がかけ算に変わんないでしょ。

生徒： -6ですね。

教師： そこまではいいの。でそのあとは，どうしようか？

生徒： これと6は，6かけた。

教師： もともとは，プラスの数かマイナスの数か。

生徒：どっちもどっち。

教師：どっちもだったら大変だよ。

生徒：こっちはプラス。

その後，生徒は教師とのやり取りを通して，-6のあとには$+\sqrt{6}$がくること，また，もう1つの解の方は同様にして$-6-\sqrt{6}$となることを確認した。

この生徒と教師のやりとりを見ると，この生徒が2次方程式の解き方を十分には習得しておらず，これに対して，教師は生徒が止まってしまったところから先のステップを，1つずつ確認をしながら，解法を先に進めているように感じられる。しかし，生徒の方はいまひとつ自信がなさそうで，例えば，$x+6=\sqrt{6}$から6を移項するステップにおいても，「+6？ −6？」と教師に確認をしたり，-6がわかったと思ったら，今度は，「そのあとは，どうしようか？」と問われた際に，次の部分を$+\sqrt{6}$とするのか$-\sqrt{6}$とするのかがあいまいになっているように見える。

さらにこの生徒の反応で不思議なことは，教師とのやり取りのところどころで，6と$\sqrt{6}$とをかけることにこだわりを見せていることである。複号の意味を確認して「$x+6=\sqrt{6}$または$x+6=-\sqrt{6}$」と書いたあとで，「$x=6\sqrt{6}$」と書いている。少し考えたあとにこれは消すものの，次に書いたものは「$x=-6\sqrt{6}$」であった。これは-6と$\sqrt{6}$をかけたものと考えられる。また「$x=-$」と書きかけたところで，教師に「何で−と−で+になったりすんの？」と尋ねている。このときは，-6と$-\sqrt{6}$をかけたものを考え，−と−をかけると+になることに注意が向いたものと思われる。教師とのやり取りの中で移項にふれた際にも，「でこれ［$-6\sqrt{6}$］は違うの？」とまだ-6と$\sqrt{6}$をかけたものへのこだわりを見せている。

こうした生徒のようすを考えると，一見すると教師の支援により2次方程式の解法が定着しつつあるように見えるこの生徒には，何かまだ釈然としない部分が残されているのではないかと感じられる。つまり，生徒自身の目からは見えている「困難」があるのではないだろうか。

この事例が，宮城県の中学校教師である太田浩一さんにより，ゼミで発表されたときには，正直，最初はこの生徒の気持ちがよくつかめなかった。何か釈然としない気持ちを抱えていることはわかっても，それが何かよくわからなかったのである。

しかし，この生徒が1つ前の問題である $(x-2)^2=25$ については，「$x-2=\pm 5$，つまり $x-2=5$ または $x-2=-5$，$x=7$ または $x=-3$」として正解していたことを知ったときに，$(x-2)^2=25$ と $(x+6)^2=6$ の違いを考える中で，ようやくこの生徒の気持ちが見えてきた。では，この2つの違いは何であろう。両者の解法を並べてみると次のようになる。

【$(x-2)^2=25$ の解法】	**【$(x+6)^2=6$ の解法】**
$x-2=\pm 5$	$x+6=\pm\sqrt{6}$
つまり	つまり
$x-2=5$ または $x-2=-5$	$x+6=+\sqrt{6}$ または $x+6=-\sqrt{6}$
$x=7$　または　$x=-3$	$x=-6+\sqrt{6}$ または $x=-6-\sqrt{6}$

両辺の平方根をとり，複号の部分を2つの式に表すところまでは共通である。実際，上の生徒も1行目に当たる $(x+6)=\pm\sqrt{6}$ は自分で書いていたし，また2行目にあたる「つまり $x+6=+\sqrt{6}$ または $x+6=-\sqrt{6}$」については，教師が複号の意味を確認するとすぐに書くことができた。

これに対し，3行目にあたる部分は両者で少し違いがあり，上の生徒もこのあたりで教師とのやりとりが嚙み合わなくなっているように見える。ここでの違いというのは，$(x-2)^2=25$ の解法では x の値が「7」や「-3」のように1つの数字で表されているのに対し，$(x+6)^2=6$ の方は x の値が「$-6+\sqrt{6}$」および「$-6-\sqrt{6}$」と，-6 と $\sqrt{6}$ を＋や－でつないだ式の形になっていることにある。つまり，$(x+6)^2=6$ を解いたときに出てくる $-6+\sqrt{6}$ や $-6-\sqrt{6}$ を，そのまま2次方程式の解にしてよいのか，もやもやしていたのではないか。あるいは，もっと言えば，これらの $-6+\sqrt{6}$ や $-6-\sqrt{6}$ が，数とは感じられていなかったのではないかと推察されるのである。次節で述べるように，文字式については同様の問題点が以前より報告され，中学校の先生方にはよく知られているが，同様のことが無理数についても生じていた可能性がある。

もちろん，これらについては「平方根」の単元ですでに学習をしている。例えば，根号を含む式の加法・減法についての学習で，$\sqrt{2}+\sqrt{3}$が$\sqrt{5}$になるかを考えた上で，「$\sqrt{2}+\sqrt{3}$は，これ以上簡単にできない1つの数である」ことを学んでいる。しかし，$\sqrt{2}+\sqrt{3}$が「数」であるということは，改めて考えてみると，生徒にとって理解が容易なことではないかもしれない。そもそも，中学校3年生になるまで，2つの数字が「＋」で結ばれた式を1つの数として扱ってきた経験はそれほどないであろうし，そうした式を計算の「答え」として考える経験もほとんどないであろう。

上の生徒は，ところどころで$-6\sqrt{6}$を解にしようとしたり，これが解ではないのかと教師に確認したりしている。$-6\sqrt{6}$の方が途中に演算記号が見えない分だけ1つの“まとまり”と見やすく，生徒には数として受け入れやすいのであろう。だから，生徒は$-6\sqrt{6}$の方を解としたいと考えたものと思われる。

上の教師の支援では，教師は移項やそれに伴う符号の変化に注意を向けている。つまり，式変形の手続きをていねいに支援することで生徒に対応しようとしている。その際に，生徒が解決できていた$(x-1)^2=81$を解いたときの手続きを思い出させることで，生徒がつまずきを乗り越えるのを手助けしようとしている。しかし，$(x-1)^2=81$の場合も，上で見た$(x-2)^2=25$の場合と同様，解を10と-8という“1つの数”にすることができるので，「$-6+\sqrt{6}$といった式を解とするのか」というここで考えている問題は生じない。

このように考えてくると，上のやりとりにおいて，教師は生徒の目から見た「困難」に，直接対応できているとは言えないであろう。あるいは，生徒の直面する「困難」が，そもそも教師には見えていなかったかもしれない。生徒が解くことのできた問題との比較を交えながら，解法のステップを1つ1つ考えさせているという意味では，ていねいな支援を行っているとも言える。しかし，そうした支援を教師が行ったとしても，それが生徒の目に映る「困難」に対応したものでなければ，上のやりとりに見られるように，生徒の側がすっきりと納得することは難しい。

平方根の学習を終えたあとの単元である2次方程式においても，こうした疑問を持つ生徒がいることは，私たち数学教師が心に留めておくべき事実であろう。そして，平方根の単元ではともすると軽く扱われがちな事項が，実は生徒のあとの学習に影響を与える可能性についても考える必要があろう。

(2) 生徒の「困難」を素直に考えてみる

中学生の中に，実は$-6+\sqrt{6}$や$\sqrt{2}+\sqrt{3}$が数でないととらえている生徒がいるとすると，そうした生徒にとっては，2次方程式を定められたステップにしたがって「解く」ことはできたとしても，最終的に出てきた「解」が方程式を満たす「数」であるという実感は持てていないのかもしれない。上でもふれたように，これらの式が1つの数であることは「平方根」の単元で説明されている。そのときには下のような図をもとに，ある正方形の1辺の長さが$\sqrt{2}+\sqrt{3}$となることや，その大きさが数直線の上にとれることを示し，そのうえで，「$\sqrt{2}+\sqrt{3}$は，これ以上簡単にできない1つの数である」と説明をしている。

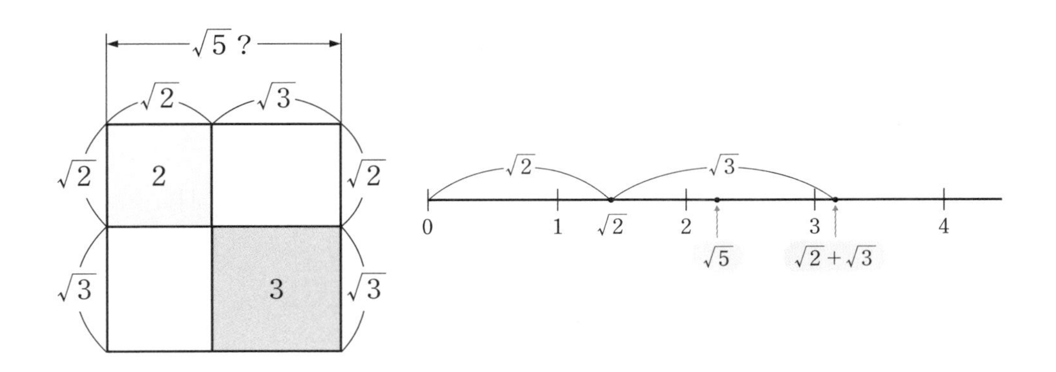

ただ，こうした説明も，中学生には必ずしもスッキリと理解できるものではないようである。1つの例として，山本（2005）の調査での生徒の反応を見てみよう。

この生徒・大倉くんは$3+\sqrt{2}$を2次方程式の解として認め，また，それがある正方形の1辺の長さを表すことは理解をしていた。これだけを見ると問題がないようであるが，インタビュアーが「$2+\sqrt{5}$は数ととらえられるのかな？」と問うと，「数ではない」と答え，その理由を「項が2個あるから」とした。また，「それ1つでダイレクトに数値が表せるもの」が数という考え方も見せ，「それ1つで数値が表される」はずなのに$2+\sqrt{5}$は「数と数が別々にある式だから」「数ではない」とした。ちなみに，彼とペアを組んだ原田くんは，$2+\sqrt{5}$を数ととらえていたのであるが，話し合いが始まるとすぐに大倉くんの意見に納得し，立場を変えてしまった。$2+\sqrt{5}$を数と考えている生徒でも，その立場はそれほど盤石なものではないようである。

生徒がこのように考えていると，前ページにあげたような図を示しても，生徒を説得することは難しい。実際，インタビュアーは右のような図を提示して$3+\sqrt{2}$が1つの数であることを認めてもらおうと説明を試みるが，大倉くんの納得を引き出すことはできなかった。これは，大倉くんが「"＋"が入っていたらダイレクトではない」ととらえていたのに対して，インタビュアーは同じ「ダイレクト」というコトバを「量をはっきり表せる」という意味で使っていたためである。

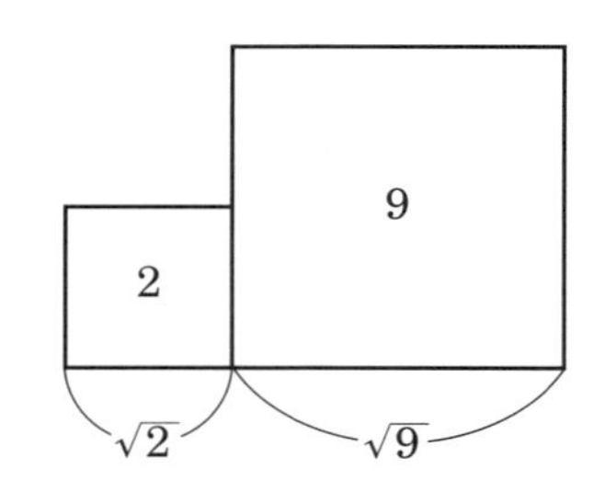

$3+\sqrt{2}$や$2+\sqrt{5}$を生徒が数と感じていないかもしれないという問題意識は持っているものの，インタビュアーは生徒の抱いている数のイメージ，あるいは数と式を区別してとらえてしまっている理解の仕方に，十分寄り添うことができなかったために，前述の太田（2003）のときと同様に生徒の納得につなげることができなかった。そして最後は，大倉くんが「$3+\sqrt{2}$を長さを表す数と言わざるを得ない状況に追い込まれていった」と，山本（2005）は振り返っている。

では，どうしたら「数」として認めてもらえるように説明できるか，と考えてみたときに，「そもそも数って何だろう？」という疑問がわいてくる。小学校の算数，あるいは中学校のそれまでの学習で，「数」をどのように説明してきたのだろうか。実は，「数とは」という説明を生徒はそれまで受けてきてはおらず，小学校の最初から数を用いる多様な活動をしてきたことによって，数を自然に感じ取ってきた，というのが実情ではないだろうか。例えば，心理学者の糸井尚子氏は，数という「高度な抽象は，徐々にそしてスムーズに行われ，学校教育を通して，ゆるぎない理解に至」った（糸井と小林，1996，p. 134）としている。逆に言えば，それまでの学習経験に基づいて生徒の数のイメージが作られているのであり，その経験の中でどのような「数」に出会ってきたかによって，生徒のイメージが決められている。おそらく途中に「＋」や「－」が入ってきた「数」に出会った経験がほとんどなかったとすれば，大倉くんのように「"＋"が入っていたらダイレクトではない」と考えることは，むしろ自然であろう。

「数とは」と正面から説明することで生徒を納得に導くことができないとしたら，ほかにどのような説明の仕方で生徒の納得を引き出すことができるだろうか。山本（2005）の調査では，生徒どうしの話し合いを通して，それまで$2+\sqrt{5}$を数ととらえていなかった生徒が，それが数であると納得できた事例も考察されている。次に，その事例を見ることで，生徒の問題意識に寄り添った説明について考えてみることにしよう。

（3）生徒が納得できることをもとに説明する

安田くんは$2+\sqrt{5}$を数ととらえていなかった。また，$2\sqrt{2}$は式であるとする一方で，$\sqrt{2}$や$-\sqrt{3}$は「ぜったい式じゃない」ととらえていた。その彼が，$2+\sqrt{5}$を数と認めている岡田くんと話し合いをするが，その中で，安田くんは$2+\sqrt{5}$と同じ形をした$3+\sqrt{2}$を数と認めるように変容した。その変容がどのようにして起こったのかを見てみよう。

上の大倉くんもそうであったが，安田くんのとらえ方の背景にあるのは，数と式は別物であるという考え方である。岡田くんとの話し合いは，まずここから始まっている。安田くんが数であって「ぜったい式じゃない」ととらえている$\sqrt{2}$や$-\sqrt{3}$について，岡田くんは，「プラス$\times\sqrt{2}$，マイナス$\times\sqrt{3}$」と見たら式にも見えるのでないかと問いかける。すると安田くんは「まあ，1かけるルート2とか，マイナス1かけるルート3とかもできるけどな，確かに，こういうたぐい［$5\sqrt{3}$］とかにもできるけどな確かに……」と対応している。$1\times\sqrt{2}$や$-1\times\sqrt{3}$と表現した瞬間に，数だととらえている$\sqrt{2}$や$-\sqrt{3}$が，自分が式であるととらえている

$2\times\sqrt{2}$ や $5\times\sqrt{3}$ と同じ形になってしまった。こうした話し合いを通して，安田くんは $\sqrt{2}$ や $-\sqrt{3}$ が「とり方によって数とも式とも言える」と考えるようになったであろう。数と式とが相反するものではないと気付いたことは，「式だから数ではない」という根拠が使えなくなることを意味し，最終的に $3+\sqrt{2}$ を数として認めることに一役かったと思われる。

一方，$2+\sqrt{5}$ について最初の段階では，$\sqrt{5}$ が2.23といった近似値ではなく，「無理数やもんで，計算できん」としていた。「有理数やったらとっくにもう，これ2たすして別の数になっとる」が，「計算できん」ので $2+\sqrt{5}$ は別の数にできない，というのである。その後，岡本くんと次のような話し合いがされている。

岡本： え，でもこれって，これ全部見たときに，プラスが入っとるだけで，これってのは，最終的には絶対，なんか1つになるもんで，やもんで，数っぽい。

安田： 数，ま，とれるけどさあ，まあ，2とプラス5とか言えるけどさあ確かに。これ以上はちょっと，これ近似値に直しちゃってもいいんやけどさあ，そうしたら数とか，計算とか無理が出るでしょう。

安田くんは，式であっても計算をしてその結果が別の数になるのであればよいが，$\sqrt{5}$ では正確に結果が出ないので数ではないと相変わらず考えているが，他方で，岡本くんの「これ全部見たときに，プラスが入っとるだけ」という指摘から，「2とプラス5($\sqrt{5}$？)とか言えるけどさあ確かに」と述べている。あるいはここで，小学校4年で学習した帯分数が「1と3分の1」と言いながらも1つの数であることを思いだし，「◯と◯」という形をした1つの数があったことは認めたようにも見える。つまり，安田くんが今まで経験してきた数の中に，$2+\sqrt{5}$ を数ととらえるための手がかりが現れてきたことになる。

続く部分では，安田くんは $2\sqrt{3}$ を「とりようによっては数である」と考えるようになった。安田くんは次のように発言している。

安田： 2かける，えっと岡本が言ったみたいに，2かけるルートなんたらで，1.74

があって，かける2として考えれば……数にもなるし，式としてもとれるし。

数だが式ではないと考えていた$\sqrt{2}$や$-\sqrt{3}$が$1\times\sqrt{2}$や$-1\times\sqrt{3}$と見ることで式であると考えるようになったが，$2\sqrt{3}$も$2\times\sqrt{3}$と見ると$-1\times\sqrt{3}$と同じに形になってしまうので，数と感じ始めたのではないだろうか。またそれにともなって，$2\sqrt{3}$を1.74×2［1.73×2か？］と計算することについて，乗数が2という自然数のせいか「無理が出る」とは言わずに，「数にもなるし，式としてもとれる」と考えるようになっている。

最後の部分では，岡本くんが$2+\sqrt{16}$を提示し，次のような話し合いが行われている。

岡本：じゃあ，この2プラスルート16とかだったら，2プラス4。
安田：おい，ルート16，これ分解できるぞ。
岡本：うん，4で。
安田：うん確かに分解すればな。
岡本：これ［$2+\sqrt{5}$］も，同じこと言えたら，1つにまとめられる。
安田：うん，まあね。同じこと言えればな。うん，でも正確な値が出んもんで，こうやって代わりにこれ置いとくわけや。

ここでインタビュアーが確認をすると，安田くんは次のように説明をしている。

安田：なんか方程式とかでも$x+1=5$とかそんな感じ。これ［$2+\sqrt{5}$］わからんもんで，こうやってやっとく。数としてもとらえられるってこと。

ここで$x+1$が全体としてはわからないものであっても,「$=5$」と数と等しいと置けるように,$2+\sqrt{5}$もこのまま置いておくことができると考えているように見える。その上で,$2+\sqrt{5}$も数と認められると考えるようになっている。

安田くんが$3+\sqrt{2}$などを数と認めていく流れは,数学的に見ると,論理的なものとは言いがたいものであろう。しかし,「数とは……」という定義を学習してきたわけではないとすると,定義に照らして数かどうかを確認するということもできない。となると,算数も含め,それまでの経験から数と感じられるようにしていくことが必要であろう。

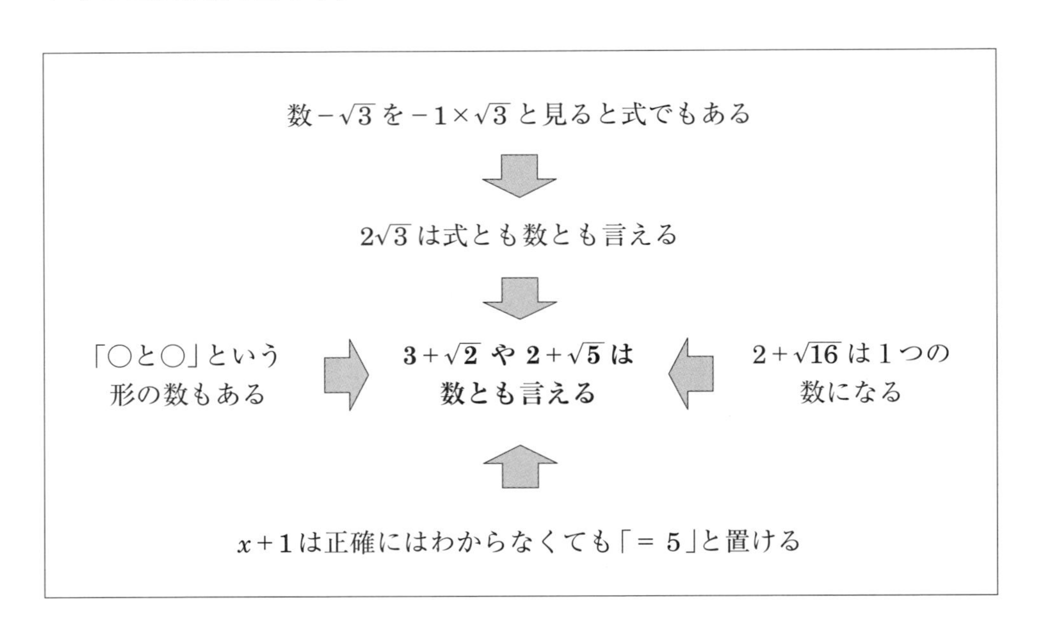

安田くんと岡本くんの話し合いを見ると,安田くんが受け入れやすい例を用いながら,数と考えるものと式と考えるものとをつないでいる。もちろん,この1回だけの話し合いで完全な理解に至るとは限らないが,機会をとらえてこうした確認をしていくことで,$2+\sqrt{5}$といった形をした数式も,1つの数として自然に感じられるようになると期待される。また,そうした考え方ができることが,高校で複素数と出会ったときに,実部と虚部の和である複素数$a+bi$を1つの数として受け入れる際の素地となると考えられる。

本節では，2次方程式の解についてなんとなく釈然としない生徒の気持ちから出発して考えてきた。こうした気持ちを慮ることは，手間のかかることではあるが，私たちにいろいろなことを教えてくれる面もある。例えば，次のようなことがわかる。

▶「平方根」よりもあとの単元を学習しているときにも，$-6+\sqrt{6}$や$3+\sqrt{2}$が数なのかどうかで迷っている生徒がいる。2次方程式の解法はこの時点での学習の「最先端」であり，私たちはこの「最先端」をどう教えるかに心を砕いているが，そうした学習の際にも，もっと初歩的な部分でスッキリしていない生徒がいることは念頭に置いておく必要がある。

▶逆に，「平方根」の単元の際に，$\sqrt{2}+\sqrt{3}$や$-6+\sqrt{6}$が数であることを，私たちが思う以上にはっきりと生徒と確認する必要がある。また，一度そう確認するだけでなく，その後の学習でも，私たち教師が$\sqrt{2}+\sqrt{3}$や$6+\sqrt{6}$を数として扱う姿を見せ続けることで，これらも数なんだなと生徒に感じてもらえるようにする。

▶もしも「数とは何か」を生徒に簡潔に説明できないとしたら，「数とは何か」をもう一度自分にも問い直してみる[1]。その意味で，生徒の気持ちを慮ることが，私たち教師にとっても教材に対する理解を深める1つのきっかけとなりうる。また，そうした問い直しをすることで，教材に潜むなにげない難しさに気付き，生徒が直面する困難によりよく気付けるような，教師としての感性を高めることができる。

私たちが指導を工夫しても思ったような効果があがらなかったり，生徒が手続きを記憶することに走るように見えるときには，学習の根っこの部分で生徒と私たちの間にズレが生じていないかも，疑ってみる必要がありそうである。

---

1 「数」を数学的に考えてみるときには，例えば瀬山（1996）が参考になる。

第2節 文字式のとらえ方に関わる生徒の困難

(1) 文字式の二重性

ここまで読んでくる中で，$3+\sqrt{2}$ などを数と認める認めないというのと，似たような話を聞いたことがあると感じた方も多いと思う。そう，似たような話は，文字式の学習においてよく指摘されている。例えば，糸井と小林（1996）が紹介している次のような事例は，典型的なものであろう。

> 『一本40円の鉛筆 x 本と，一冊80円のノート y 冊を買ったら，代金はいくらになるか』に対し，ある生徒は $40\times x+80\times y=40x+80y$ と計算を進めて悩んでいます（pp. 147-148）。
>
> **C（生徒）**：答えは？
> **T（教師）**：$(40x+80y)$ 円でいいんだよ。
> **C（生徒）**：え？ 答えは出さなくてもいいんですか？

ここでは，$40x+80y$ という式にプラスの記号が入っているために，前節で見た生徒たちのように，「それは式であって数ではない」と考えていたのであろう。そして，代金あるいは答えは数になるはずだから，このままでは答えにできない，かといってこれ以上計算もできそうもない，困ったなあと考えていたのだと思われる。

こうした困惑は，プラスの記号の有り無しだけではなく，文字式全般に現れるものである。例えば，次の例は，筆者が以前に参観させていただいた授業で生じた1場面である。

中学校1年の文字式の学習で『長さ a mのテープを5人で分けると，1人分の長さは何mになりますか』という問題を考えていて，

教師　：1人分の長さはどうなるかな？

生徒1：5分のaです。

生徒2：5分のaは答えじゃなくて式なんじゃないですか？

教師　：え？

生徒2：それは式なんですか答えなんですか？

教師　：ごめんね，言いたいことがよくわからないんだけど。

この先生は経験の浅い方だったこともあり，ここでの生徒のこだわりを理解することができなかったが，ここまで読んでこられた読者であれば，生徒の気持ちが何となく推測できることと思う。生徒たちの中には，$\frac{a}{5}$という文字式は$a \div 5$と同じ式なので答えではない，あるいは1人分の長さを表す数ではないと感じている人もいるようである。

学習者のこうした傾向は海外でも報告されてきており，イスラエルの数学教育学研究者アンナ・スファードに習って文字式の二重性（duality）[2]と呼ばれている（Sfard, 1991）。彼女は，数学で学習する知識の中には，1枚のコインの裏表のように，1つの知識が2つのとらえ方をされるものがあることに着目した。第一のとらえ方は操作や手続きを表したもので，動的なとらえ方といってもよいかもしれない。上に出てきた文字式$40x+80y$であれば，これを「40にxをかけたものと，80にyをかけたものをたす」と一連の操作を表していると考える。第二のとらえ方は，同じ知識をある構造をもった1つのまとまったモノのように考えるもので，静的なとらえ方と言えよう。今の文字式$40x+80y$を1つの数量を表す数と考え，その式の係数や演算はその数の構造を表しているとする。

ここでは説明の便宜上，第一，第二としたが，2つのとらえ方とも大切である。例えば，中学校で学習する文字式を用いた説明を私たちが自分で行うときのことを考えてみればわかるように，2つのとらえ方の間を適宜行ったり来たりすることで，考え方を進めていくことができる（板垣，1998）。ただし，ここまでのいくつかの事例を見てもわかるように，生徒は文字式を操作的にとらえることは自然

2　二面性などと訳されることもある。ちなみに，数学では双対性と訳されるdualityという概念があるが，それとは異なるものである。

にできるようになっており，あまり苦労することはないが，文字式を1つの数と見る構造的なとらえ方はできないことも多く，それが学習のつまずきの一因にもなっている。

ちなみに，前節で見てきた$-6+\sqrt{6}$などを1つの数を見ることができず，無理やり$-6\sqrt{6}$に直そうとすることは，数式についての二重性の問題として理解することができよう。

(2) 文字式の二重性の現れる場面

中学校の数学では文字式，あるいは式一般が重要な役割を果たすため，二重性の問題が関わる場面が多様に見られる。

式の代入という基本的な操作でも，問題によっては影響を受ける。例えば，山田 (2003) は自校の2年生186名に対し，1学期中間考査の一部として国宗 (1997) の調査を参考にして，次のような問題を出題している。

(1)　$a=2,\ b=-3$ のとき　$-4a+b=(\quad)$

(2)　$x=y+z,\ x+y+z=30$ のとき　$x=(\quad)$

このとき，(1) は正答率が84%であるのに対し，(2) では33%に大きく下がっている。$y+z$の部分を1つの値xと同一視することが多くの生徒には難しかったと思われる。

二重性の問題は，式変形の学習にも影響をおよぼす。上でふれた$-6+\sqrt{6}$を1つの数らしくするために無理やり$-6\sqrt{6}$に直すことは，文字式でも同様に知られている。例えば，$2a+b$を無理やり$2ab$に直すという誤りである。$2a+b$を最終的な結果とすることに違和感があるのであろう。

この式変形への影響が，文字式による説明にも影響を与える。$2a+b$を1つの数としてとらえることができないとすれば，$2n+1$が奇数を表しているとか，$10a+b$が2桁の数を表しているとはとらえにくいことになる。nやa，bに何か具体的な数が入るならば，これらの式にしたがって計算し，その結果が何らかの数になることは理解できるであろうが，そうした式自体が数だということの意味はわからないかもしれない。山田 (2003) は，xが1から9までの整数，yが0から9

までの整数のときに$10x+y$が何を表すかも出題しているが，その正答率は23%であった。ちなみに国宗（1997）の調査でも19%の正答率となっている。平成22年度の全国学力・学習状況調査数学Aの問題2では，2桁の自然数を表す式を4つの選択肢から選ばせている。$10x+y$という正答を選んだ生徒は67.7%いたが，他方で，xyや$10xy$を選んだ生徒が合わせて20.4%いた。ここにも二重性の問題が関わっていそうである。平成26年度の数学B問題2（1）でも，$2m+2n$を$4mn$とした生徒が14.8%おり，「上記以外の解答」とされた中にも$2mn$と答えた生徒がいたと報告されている。

文字式の計算では，図を用いて計算の仕方を説明することも多い。例えば，2年生「式の計算」で$3a\times4b=12ab$を説明する際には，右下のような図を用いて次のように説明をしている。

$$
\begin{aligned}
&3a\times4b\\
&=(3\times a)\times(4\times b)\\
&=(3\times4)\times(a\times b)\\
&=12ab
\end{aligned}
$$

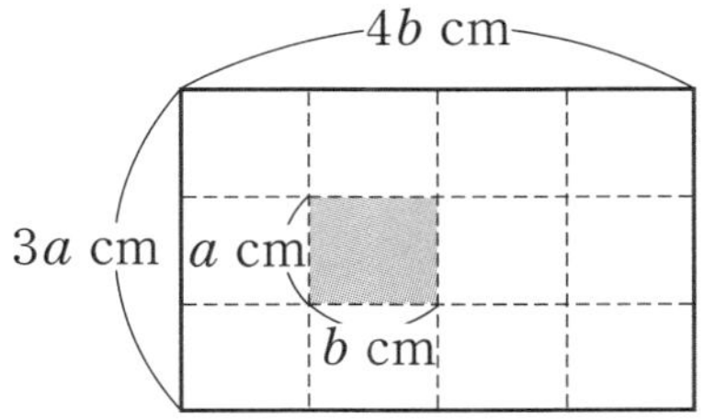

4b cm
3a cm
a cm
b cm

この一連の式と右の図を対応させて理解するためには，1行目では$3a$や$4b$をそれぞれ辺の長さを表す1つの数であるととらえることが，最後の$12ab$ではabの部分が小さい長方形の面積を表す数としてとらえることが必要である。

また，文字式を数としてとらえられないと，文字式による説明において，文字式を正しく変形できたとしても，その結果出てきた文字式を適切に解釈することができず，説明に至らないことも出てくる。例えば，太田（1992）の調査に出てくる生徒の例を考えてみよう。彼は，誕生日当てゲームの仕組みを文字式で探るという課題を，中学校1年の冬に取り上げている。

問題：誕生日と年齢を当ててみます。次のように計算してください。

1．生まれた月を100倍してください。

2．その数に，生まれた日をたして，2倍してください。

3．その数に8をたしてから5倍してください。

4．その数に4をたしてから10倍してください。

5．それでは，最後に，自分の年齢より4多い数をたしてください。ここまで計算した結果を聞いたら，444を引けば，誕生日と年齢がわかります。

例えば，11月2日生まれの13歳であれば，最後の結果が110213になるので，そこから誕生日と年齢がすぐに読み取れるという仕組みになっている。これに対し1人の生徒は次のように解答した。

最初，わかりやすくするように，文字式にする。

$A=$月，$B=$日，$C=$年

式は$[\{2(A\times100+B)+8\}\times5+4]\times10+C+4$になる。それを解く。

そうすると

$200A+2B+8$

$=1000A+10B+40+4$

$=10000A+100B+400+40$

$=10000A+100B+400+40+4+C-444$

$=10000A+100B+C$

になる。

途中の計算は最初の式を変形したというよりも，各手順を施した部分的な結果を順に等号でつないだものとなっている。しかし，途中の手順は正しく施され，最後の結果は正しいものであり，そこからゲームの仕組みに迫ることはできそうである。太田（1992）も「最もうまく文字式を用いた形式的な処理にもちこんでいるように見える」としている。だが，この生徒はゲームの仕組みには到達できず，解答の下に，次のような感想を書いていた：「なんかややこしくてよくわかりませんでした」。

この生徒は，最後に出てきた「$10000A+100B+C$」が，ゲームの最後に出てくる110213といった数を表していること，またこの式がその数のある種の構造を表していることに気付けなかったものと思われる。要するに，文字式の計算はできても，その結果得られた式が何を表しているのかについてよくわからず，「それで？」という感じになってしまったのであろう。

平成25年度全国学力・学習状況調査数学Bの問題2(1)では，2桁の自然数と，その数の十の位と一の位を入れかえた数の差を調べる場面をとりあげ，「$(10x+y)-(10y+x)=$」の続きを完成するよう求めている。正答率は38.4%であったが，式変形をして$9x-9y$の結果を得ていながら，9の倍数に関わる説明を全く書いていない生徒が15.1%，またその記述に誤りのある生徒が3.7%いた。さらに$9(x-y)$とまで変形できながら，記述に誤りのある生徒が5.6%おり，計算ができながら，最後の結果を適切に解釈できなかった生徒が4分の1近くに上ることがわかる。報告書からは詳細をうかがい知ることはできないが，太田(1992)の例を合わせて考えると，文字式の二重性の問題がある程度関わっていたのではないかと推測される。またこの問題では無解答が22.5%いたが，あるいは，最初の「$(10x+y)-(10y+x)=$」が2数の差を求めていると考えることができにくかった生徒もいたのかもしれない。実際，これを計算の手続きを表すとして読んでみると，今の問題に関わり何かしているようには思いにくいであろう。

さらに，二重性の問題は方程式の学習にも影響を与える。1年「1次方程式」の単元で，等式の性質を学習するときに現れる「$3x+2=x+10$」といった両辺に文字式が現れる等式や，「$3x+2>10$」といった不等式については，$3x+2$や$x+10$という式が1つの数であるととらえることができれば，2つの数が等しい，ある数は10より大きいとして理解しやすい。

清水(1997)は中学校2年生に連立方程式を解かせるとともに，彼らの式のとらえ方についての調査を行っている。彼が調査をした18名の生徒のうち，半数近い8名は，以下の問題をわざわざ加減法に直してから解いていた。

$$\begin{cases} 2x+y=5 \\ y=13-3x \end{cases}$$

私たちにとっては，この連立方程式であれば代入法で解決する方が簡単と思える。ただし，そのときには，2番目の式からyという値は$13-3x$の値と同じである，つまりyの“正体”は$13-3x$であると考えて，1番目の式のyのところに2番目の式の右辺を代入する。つまり，$13-3x$は「1つの数」であると思えないと，代入することには抵抗を感じる可能性がある。なぜわざわざ加減法に直してから解いたのか，8名全員についてその理由は残念ながら報告されていないが，1人の次のようなコメントは，今の説明を裏付けるものとなっている：「1つのものがなんで2つになるのかわかんない」。ここには，前節で見た大倉くんの「項が2個あるから」「数ではない」というコメントと同じ響きを聴くことができる。

(3) 二重性を視野に入れた文字式の学習

文字式の二重性の問題が生徒のさまざまな学習に影響を与えるとすれば，私たち教師としてはそれを視野に入れて学習をつくっていく必要があるだろう。

例えば，教科書でしばしば見かける右のような図は，文字式の二重性を視野に入れると，とても重要な役割を持っていることがわかる。$x-1$という式を2つのもののひき算と手続き的にしかとらえられない生徒に対して，この図は，その式をビンの中に入れることで，それが“1つのもの”であると感じてもらいやすくすることをねらっている。文字式や数式を“1つのもの”として生徒に見てほしい場合には，それが苦手な生徒も混じっているかもしれないという前提に立って，上のような図を用いたり，式を書いた紙を封筒に入れたりして，それが“1つのもの”と感じやすい提示の仕方を心がける必要があるだろう。同時に，そうした見方ができない生徒がいないかにも，注意をはらう必要がある。

あるいは，そうした生徒がある程度いるとの前提に立ち，式のとらえ方を話題にした授業をときどき採り入れてみるという方法もある。例えば，山本(2006)は，中学校1年の文字式の学習で，文字式の二重性に関わるつまずきが生じるとの前提に立ち，生徒たちのつまずきや不安定な理解をあえて表に引き出すような授業を行っている。この授業で山本（2006）は次のような問題を生徒たちに考えてもらった。

問題： 兄弟で金魚と鯉を買いに行きました。金魚は1匹10円，20円，25円，30円，90円の5種類があり，鯉は60円でした。
兄は同じ種類の金魚5匹と，鯉を2匹買い，弟は兄と同じ値段の金魚を3匹と鯉を1匹買いました。
兄と弟の合計の代金を表す式を考えよう。

この授業は習熟度別の基礎コースで行われたため，生徒が考えやすいように，金魚の値段も最初から一般的な文字にするのではなく，5種類の具体的な数値として与えている。ただし，どの金魚を買ったかは示されていないので，そこから金魚の値段を文字で置いて考えることになる。山本（2006）が着目していた1人の生徒は，最初$(5a+120)+(3a+60)$に対し自力で$8a+180$としたが，「たすが入っとる」と友だちと話し，その子の答えを見て$188a$に変更した。やはり，$8a+180$という「たす」が入っている文字式を1つの数ととらえて，それを最終的な合計の代金とすることについては，不安定な理解に留まっていたことになる。

全体の話し合いでは，$188a$とした生徒の説明がまず行われた。ある生徒は，$(5a+120)+(3a+60)=(125a)+(63a)=188a$として，合計の代金が$188a$となることを説明した。また別の生徒は，$(5a+120)+(3a+60)=5a+120+3a+60=5a+3a+120+60=8a+180=188a$として説明した。これを見ても，$188a$とした生徒たちも文字式の基本的な計算は正しくできており，文字式の二重性の問題だけで$188a$という答えを選択したと思われる。また誤った考え方であるにも関わらず，2つの解法を発表させているところに，教師が$8a+180=188a$としてしまう考え方自体にこの授業の焦点を当てている意図が読み取れる。

これらの考えに対して，$188a$を合計の代金とすることはおかしいと考える生徒からの反論が行われた。ある生徒はaに10円を代入し，そのとき$188a$は1880円となって値段が違ってしまうことを明らかにした。またその結果を受けて別の生徒は,「それ［188a円］やと，金魚が5匹しかおらんのに188匹おるってことになっちゃうもんで，金魚の数と鯉の値段の180円をたすってのはおかしくなっちゃう」と意見を述べた。

こうした意見を受けて，絵図を利用して計算方法を確認し，$(5a+120)+(3a+60)$は$8a+180$になること，また，それ以上簡単に表すことができないことを教師がまとめている。なお，友だちとの話から188aに変更した生徒は，授業後の感想で，$8a+180$を計算結果として見ることができずたしてしまったことに気がついた，と書いていたとのことである。

山本（2006）の予想したとおり，文字式の二重性の問題がこの授業では浮き彫りになっている。そして，文字式のとらえ方自体が，この授業の中心的な課題となっている。そのおかげで，まずは$8a+180$を1つの数ととらえることに抵抗のあった生徒たちも，この課題についてはキーパーソンということとなり，彼らの理解に基づく解法も2通り発表させて，大切に取り上げられていた。そうした取り上げ方により，188aという式をクラス全体での検討の対象とすることができた。さらに，その裁定を教師が簡単にしてしまうのではなく，生徒どうしがそれぞれの理由を出し合い，異なる意見の生徒を説得しようとする形で生徒自らが検討を進めていたことは，どちらのとらえ方をしていた生徒にとっても納得を生み出すことにつながったと考えられる。

このように，生徒が悩みそうな見方について，それが生じないように手を打つだけではなく，むしろそれが生じるのが当然と考えて，その見方そのものをクラスの公の課題として共有する。そして，自分たちで吟味し，その上で意識をしてある見方を選択していくことも，二重性を視野に入れた学習の1つのあり方であることを，上の実践は教えてくれている。

なお，二重性とは直接関係ないが，上のように，生徒たちが複数の理由を視野に入れながら解法を吟味する授業を経験したことで，それまで1つの手立てで「自分の考え」を作り上げて満足していた状態から，いくつもの手立て用いて，様々な見方で課題を解決していく姿勢へと変容したことを，山本（2006）は報告している。

二重性を視野に入れた文字式の学習において，二番目の手立ては，数式をうまく利用することである。数を代入して成り立つかを確認することも大切であるが，二重性を視野に入れるともうひと工夫できる。ここでは，前項で取り上げた太田（1992）の誕生日当てゲームを利用した横田（1995）の事例を見てみよう。

横田（1995）はこのゲームを用いた調査を中学校1年の秋に実施し，その際に注目していた3名の生徒のようすを中心に考察をしている。生徒たちはまず自分たちの誕生日や年齢を用いてゲームの手続きを実施し，最後に出てくる数，例えば110213の上2桁に誕生月が，次の2桁に日が，最後の2桁に年齢が出てくることを見出し，次のように驚いている。

生徒1：本当になったよ。
生徒2：あっ，すごい，なったよ。
生徒3：なったよ。

教師から見れば当然のことであるが，しかしここで驚きを感じ，その結果や手続きに不思議さを感じることは，このあとで仕組みを探ってみようという動機付けになったと思われる（第4章参照）。

また具体的な数を用いて確かめている段階で，次の会話に見られるように，最後の結果を予想したような発言もされていて，生徒たちが，まずは最後に出てくる数の仕組みについて，理解を進めていたようすがうかがえる。

生徒2：［3月4日12歳でやったのに］あれ，96歳になっちゃった。
生徒1：16をたしているから，12歳にならなくちゃ。
生徒2：変だな，あっ，計算まちがいか。

その後，仕組みを考えていくが，生徒3が前項で太田（1992）のあげた事例として紹介したのと同様に，各手順を施した結果を順に等号でつないだような式を書いたものの，やはりその事例と同様に，最後の結果を1つの数としてとらえて説明を完成させることができなかった。

その生徒たちが，二重性に関わると思われるこの困難を乗り越え，ゲームの仕組みに迫ることができたきっかけを，横田（1995）は次のような生徒たちの話の中に見出している。

生徒3：わかったかもしんない。ちょっと聞いて（生徒1と生徒2に話しかける）。

生徒3：この式[$10000x+100y+z$]が成り立つんだよ。これにね，11とか入れると110000になって，12になってこれで成り立つんさ。

生徒2：さっぱりわかんない。

生徒1：あはは。

生徒3：これ，いろいろと説明していくと，この式になるんさ。この式に自分の年とか入れていくんさ。私，11月21日，12歳って入れてみたら，この式が成り立つんさ。

生徒1：えっ，ちょっと待って。

生徒3：だから，これ全部が生まれた月で，これが$100y$が日で，最後が年。

生徒3は，$10000x+100y+z$のx, y, zにそれぞれ11，21，12を代入したときに，ゲームの最後に出てくる数値（ここでは112112）が得られることを，注意をして観察している。また最後の発言では$100y$など各部分に目を向けており，例えば$100y$のyに21を代入すると2100が得られ，これがゲームの最後に出てくる数値[112112]の中央の2桁にそのままなっていくことに，関心を寄せている。

ここでの生徒3は，文字のところに数値を代入して，ゲームの最後の結果として考えられる数値[112112]が出てくるかを確かめているだけではない。それももちろん確かめるのだが，同時に，$10000x+100y+z$という式が，最後の結果の数値とどう関わっているか，その仕組みのようなものにも観察の目を向けている。x，y，zそれぞれの値が，最後の6桁の数にどのように現れてくるのか，いわば，右のような仕組みに目を向けているのである。

$$\begin{array}{rcr} 10000\times 11 & = & 110000 \\ 100\times 21 & = & 2100 \\ 12 & = & 12 \\ \hline & & 112112 \end{array}$$

このように，文字式に数値を入れて数式にしたときに，単に計算結果の確認にばかり目を向けるのではなく，数式になった状態で各数値がどのように現れているか，どのような影響を結果に与えているか，その仕組みを探ることで，そのもとにある $10000x+100y+z$ という文字式が，1つの数の仕組みを表したものだと感じられてきたのだろう。数値の代入やそれにより得られる数式を私たちがどう扱うか，生徒たちに数式のどこに目を向けてもらうかを工夫することで，数式が文字式の理解にも役立ってきそうである。

最後に，図の利用が式のとらえ方を支えた例を見てみよう。谷沢（2000）は文字式の導入でしばしば用いられる，マッチ棒を並べて総数を表す場面を用いて，インタビュー調査をしている。対象は中学校1年生であり，文字式による積や商の表し方は学習したが，文字式の変形は未習という時点での調査である。ここでは下図のような，課題1と課題2との関係に着目する。

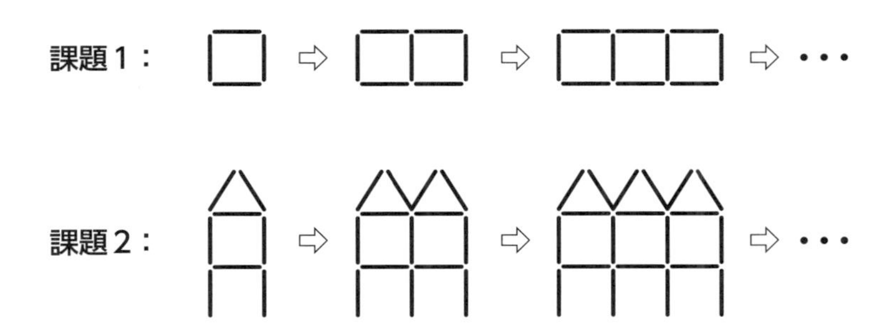

ある生徒が課題2を解く際に，インタビュアーが課題1で求めた $1+3x$ を利用できないかと促した。すると，2分間ほど考えてから，家の形を右図のようにとらえ直した。家の形がもとの正方形（グレーの部分）とそれに追加された屋根や足の部分からなると見たのである。そして，屋根や足に追加

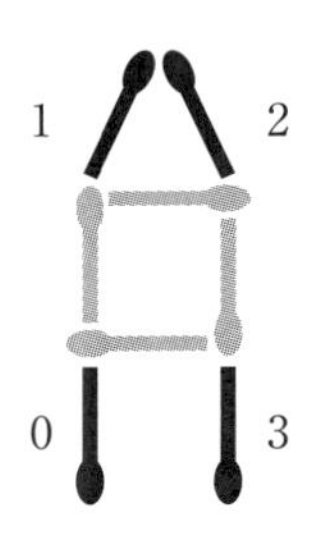

された部分で新たに正方形ができると考えて，8軒の場合にはマッチ棒の総数は

$$1+3\times8+1+3\times8$$

となると説明した。さらに，「あっ，今気付いたんだけど，同じだからかける2にした方がいい」と言って，この式を$(1+3\times8)\times2$と書き直している。最後に文字式に表すよう求められたときも，$(1+3\times x)\times2$とすぐに表している。

ここでは，課題2の場面の中に課題1と同じ構造が2つあることに気付いて，その部分を$1+3\times8$，あるいは$1+3\times x$と表すことで，課題1の結果を利用することができている。つまり，「課題2のマッチの総数」を「正方形部分の総数＋屋根と足の部分の総数」と見た上で，それぞれの部分に$1+3x$の式を"代入"している。二重性に関する研究でも，式を代入するということは，式を1つのモノとして扱うことを促すとされており，こうした"代入"は$1+3x$という式を1つの数ととらえることを促すと期待される。また，$1+3\times8$が2つあるので「かける2」にすると考えるときは，$1+3\times8$を同じモノと見なそうとしており，この式を1つの数ととらえることにつながると期待される。

谷沢(2000)の事例では，図をいくつかのまとまりととらえることで，そのまとまりの部分を表現する式も1つのモノとして扱うかのような活動が生じていたと考えることができよう。このように，式を1つのモノとして扱うことが自然に生ずるような学習を工夫することも，二重性を視野に入れたときには，大切になってくる。

本節(2)で見たように，二重性の問題は中学校数学のいろいろな場面に顔を出す。また，第1節で見た無理数の理解などにも影響を与えそうであった。だとすると，文字式を操作手順の記述ととらえるだけでなく，操作により得られる結果の数，あるいはその数の仕組みを表しているととらえられるように生徒を成長させていくことで，いろいろな学習場面で生徒たちが何となく抱えている違和感や困難を取り除くことができるかもしれない。

第1節の終わりでも述べたように，こうしたとらえ方の変化は，一度説明を聞けばわかるというものではないだろう。授業の中で私たち教師が機会をとらえ，

折を見て確認していくことで，少しずつ生徒の見方が変わるのが普通である。それだけに，どこかで説明したら終わりではなく，二重性が関わりそうなところでは，ちょっとだけ用心をしてみる，という発想も必要かもしれない。

第1章の引用・参考文献

板垣政樹．(1998)．中学生の文字を用いた説明についての研究：文字式の二面性の理解を視点として．上越数学教育研究，*13*，43-52.

糸井尚子，小林順子．(1996)．算数・数学能力を育てる：子どもたちとの対話を通して．サイエンス社．

国宗　進．(編著)．(1997)．確かな理解をめざした文字式の学習指導．明治図書．

布川和彦．(1995，11月)．数学の知識の二重性：文字式を例として．教育科学数学教育，*456*，102-105.

太田浩一．(2003)．中学校数学での少人数指導における個に応じた指導のあり方についての考察．上越数学教育研究，*18*，133-142.
(http://www.juen.ac.jp/math/journal/files/vol18/oota2003.pdf)

太田伸也．(1992)．中学生の文字式に対する認識について 日本数学教育学会誌 *74*(9)，275-283.

瀬山士郎．(1996)．数をつくる旅5日間．遊星社．

Sfard，A．(1991)．On the dual nature of mathematical conceptions. *Educational Studies in Mathematics*，*22*，1-36.

清水宏幸．(1997)．中学校数学における文字式の理解に関する研究：文字式をひとまとまりと見ることの困難性に焦点をあてて．日本数学教育学会第30回数学教育論文発表会論文集，247-252.

谷沢浩明．(2000)．文字式の学習過程に関する考察：中学1年生のインタビュー調査より．日本数学教育学会第33回数学教育論文発表会論文集，325-330.

山田英明．(2003)．数学科における問題解決学習：文字式を含む問題の解決過程と支援についての考察．黒部市教育委員会平成15年度内地留学研修報告書．

山本晋平．(2005)．子どもどうしのコミュニケーションによる数学の理解の変容についての研究．上越数学教育研究，*20*，109-120.
(http://www.juen.ac.jp/math/journal/files/vol20/yamamoto05.pdf)

山本晋平．(2006)．子どもが主体的に取り組むことのできる一斉授業・習熟度別少人数授業の在り方．平成17年度中津川市教育実践研究論文集，1-10.

横田　誠．(1995)．文字式の二元性（duality）に関する研究．上越数学教育研究，*10*，133-142.

一松信ほか．(2016)．中学校数学2．学校図書．p. 21，p. 47.

一松信ほか．(2016)．中学校数学3．学校図書．p. 60.

第2章　生徒の経験した算数・数学に目を向ける

第1節　式の学習における小中の微妙な差

第1章では，無理数や文字式の理解において，「＋」の入った式を1つの数としても見ることができるか，という式のとらえ方が重要なポイントになっていることを，生徒のようすから考えてみた。また同時に，中学校での数学の学習の中で，何かを数として認めるかどうかは，小学校の算数の学習の中で，数という身分をどのようにして受け入れてきたのかの経験に支えられることにもふれた。算数での四則の計算が文字式の計算や方程式の素地となっていること，算数での図形の学習が中学校での図形の学習につながっていることなどは間違いない。しかし，内容の系統表などに見られる学習内容のつながりだけでなく，学習の際にはたらくちょっとしたものの見方や考え方の中にも，小中の学習の接続に一定の影響を与える要素が含まれているということであろう。

この節では，数と式の学習に関わる内容で，小学校算数と中学校数学の間に微妙な違いがあるものを見ていこう。

(1)「＋」の入った式

前章でもふれたように，「＋」や「－」の入った式を1つの数としても見ることができるかどうかは，数学の文字式や無理数の学習において大切なポイントになる。しかし，そうした式を数として見ることは，算数ではあまり経験しておらず，中学校に入学する段階では，式を1つの数としても見ることについて，子どもたちは得意ではないようである。

1つの例として，小中の接続を意識して実践をした，真部（2012）の授業のようすを見てみよう。この授業では，小学校6年の「文字と式」の学習の最後に，前節の谷沢（2000）の調査でも出てきたマッチ棒の課題を取り上げ，文字式で表現する授業を行っている。マッチ棒を正方形がつながった形に並べて，そのときのマッチ棒の総数を求める課題は，中学校1年の文字式の導入でもしばしば用いられるので，こうした学習を6年生で経験しておいてもらえば，中学校の学習にとっても助かりそうである。

実際，真部（2012）は平成22年度の全国学力・学習状況調査数学の中で，16cmのひもで長方形を作るときに，「長方形の縦の長さをx cm，横の長さをy cmとするとき，yをxの式で表しなさい」という問題の香川県の正答率が25.4%で，他の領域の問題に比べて低いことに着目している[1]。そして，中学校で大切となる「変数」としての文字の利用と，生徒が苦手と答えた「式で表す」ことに焦点を当てるとして，上の授業を計画している。

授業では，正方形の個数とマッチ棒の本数に関わるきまりを見出し，それをもとに，正方形が10個の場合の本数を求める式として次の4つが出されている。

① $1+3\times10=31$　② $4+3\times9=31$　③ $4\times10-9=31$　④ $2\times10+11=31$

ここで10は正方形の個数であることを確認した上で，文字式に置き換えていった。10をそのままxにして，例えば$1+3\times x=y$とすることは容易にできた。しかし，9の部分を$x-1$に置き換えたり，11の部分を$x+1$に置き換えることは，①～④のような考え方を見出すことができた6年生にとっても，難しかったと報告されている。

ここには，前節で見てきたような$x-1$や$x+1$という式を1つの数と見なすことの難しさがあるだろう。変わっていく数値をxに置き換えることは比較的容易にできても，「＋」や「－」の入った文字式を1つの数値の代わりに使うことは，それほど容易ではないようである。

算数でも，式を1つの数を表すものとして扱う場面がないわけではない。例えば，次ページ上の図は6年「文字と式」の単元での学習である。ここでは，①～④の式について，「何を求める計算でしょう」ではなく，「何を表しているでしょう」と問うている。また，吹き出しの中では①が「代金を求める式」ではなく，「代金です」と説明している。つまり，「＋」の入った式が，代金自体を表すものとして扱われているのである。

1　ちなみに全国の正答率も26.3%であった。$-x+16$とした生徒は4.3%に過ぎず，$y=x$や$y=16x$，$y=x-1$といった「上記以外の解答」が38.0%，無解答が26.6%という結果となっている。

1 しゅんさんが，やお屋さんに行きました。にんじんが１本x円，トマトが１個50円，だいこんが１本120円でした。

次の❶～❹の式は何を表しているでしょうか。

また，次の図は，5年「小数のかけ算」の学習に現れるものであるが，右端のところの2.4m分の値段を記入する場所には，「192（円）」ではなく，式のまま「8×24（円）」と書かれている。

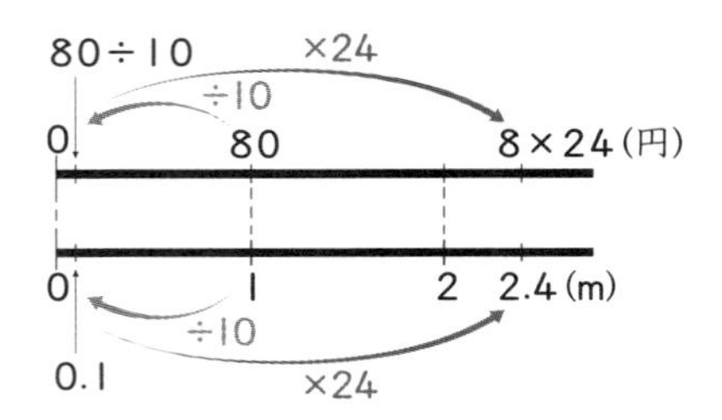

文字式のとらえ方は，教えてすぐにできるとも限らず，小中の連続する学習の中で少しずつ育てていくこと，機会をとらえて育てていくことが大切なのであろう。したがって，一方では，小学校の先生方とそうした長期的な見通しについての共通理解を図ることが必要であろう。また，私たちが数学で授業をするときにも，算数での子どもたちの経験を考慮した活動を補足するということも考えられる。例えば，上のような図とも関わるが，算数での小数や分数の学習，数学での負の数や無理数の学習においては，数直線の上に位置付けることで「数」として感じてもらいやすくする工夫が見られる。こうした生徒たちの経験を生かすならば，次のような，文字の入った数直線（布川，2014）を用いることで，式を1つの数としても感じてもらいやすくできるかもしれない。

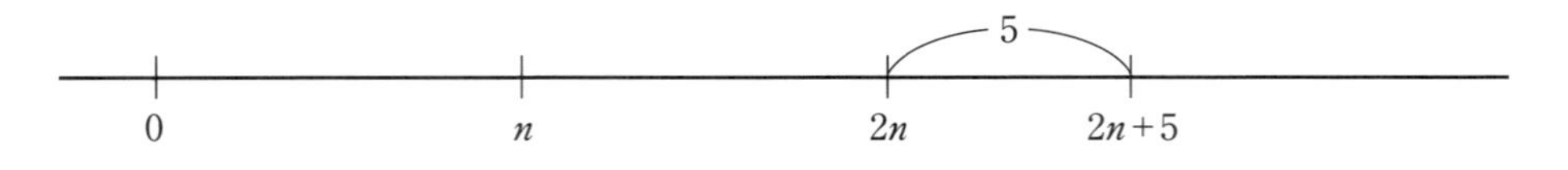

(2) 等号の意味

中学校の学習とのつながりを考えるときには，等号の意味も大切になってくる。算数では3年で等号について次のように学習している：「等号は計算の答えを書くときだけではなく，左がわと右がわの式や数の大きさが等しいことを表すときにも使います」。また，2年「かけ算」では「$3\times5=5\times3$」という表現が用いられ，2年「1000までの数」では不等号の学習と関わって，「$3=3$」という表現がすでに用いられている。したがって，算数でも，等号で相等関係を表すという経験がないわけではない。しかし，小学校の算数では計算をして具体的な数値を求めることが多いことから，子どもたちは等号を「計算すると答えは」という意味を表す記号としてとらえがちである。

こうしたとらえ方が現れた1つの例としてよく知られているのが，次のような式の書き方である：$3\times8=24+1=25$。これは$3\times8+1=25$と書くべきところであるが，等号を「計算すると答えは」としてとらえている場合には，この書き方になっても仕方がないとも言える[2]。

これに対して，中学校では「等号を計算の過程を表す記号としてではなく相等関係を表す記号として用いる」(中学校学習指導要領解説数学編，平成20年9月，p.61) とされ，計算の過程を表す記号としてでは「なく」，あくまでも相等関係を表す記号として用いられる。

こうした等号の意味の問題が，上でふれた式を数ととらえにくいことと結び付くと，方程式の学習に影響を与えることになる。例えば前章でもふれた，連立方程式で代入法が用いやすい場合に現れる「$y=13-3x$」という式について，ある生徒が「1つのものがなんで2つになるのかわかんない」と言ったことは，ある意味で自然に思えてくる。$13-3x=y$なら$13-3x$を計算したらyになったとして，まだわかるのかもしれないが，すでに1つのyという数になっているものを，2つの項を含む計算前のような形にするのは，この生徒からすると奇妙に見えたのであろう。

方程式を作る場合でも，右辺に式の形がくることが困難を生み出す可能性もあ

2　電卓や数式処理ソフトでは，前の計算結果を引用して，それに「$+1$」という次の処理だけを施すことがある。この式はそのイメージに近いとも言える。

る。平成18年に結果が公表された「特定の課題に関する調査」の中に，1次方程式を立式する手順を示した上で，その式を書かせる問題がある。37人の学級で男子が女子より5人多いという場面で，女子の人数をx人として方程式を作る手順が示されている。男子が5人多いことから男子の人数を$x+5$と表すことは2年生の68.7%が，全部の人数から女子を引くと男子の人数になることから$37-x$と表すことは57.7%が正答している。にも関わらず，男子の人数が「2通りの式で表すことができるので，等号を使って……と表すことができる」という手順を読んで$x+5=37-x$と立式することについては，正答率は40.2%まで落ち込んでいる。しかも無解答は27.6%になっている。左辺と右辺にあたる式を立てることができても，右辺に式がくるような等式を作ることができない生徒もかなりいそうである。

私たち教師から見れば同じ内容を表している等式も，等号が両辺の相等関係と十分に見ることのできない生徒の目には，同じものとは思えないこともあるかもしれない。例えば，次の2つの表現の間には微妙なニュアンスの違いがあるのかもしれない。

（わる数）×（商）+（あまり）=（わられる数）　（4年上「1けたでわるわり算」）
わられる数=わる数×商+あまり　（5年「小数のわり算」）

第一の式と同様の計算は3年「あまりのあるわり算」にも現れるが，これらは確かめ算として取り上げられている。つまり，わり算で得られた商とあまりを用いて左辺を計算したときに，その計算結果がもとのわられる数になっているかを吟味するものであり，等号は「計算すると答えは」の意味でもかまわない。これに対し第二の式は，あまりにつける小数点の位置を考えるという流れで現れており，両辺が等しくなるように，その位置を考える。したがって，等号は両辺が等しいという意味ととらえて，両辺を見比べながら考えることに，つまり，両辺のバランスをとるようなイメージで考えることに，本当は重点があると思われる。しかし，等号を「計算すると答えは」という記号としかとらえられない子どもからすると，両者のバランスをとるという感じはないかもしれない。

この第二の式の感じは，文字式の利用をささえる等式のきまりの理解の仕方に，大きな影響を与える。文字式を変形する際によく使われるものに分配法則がある。中学校1年では，$a(b+c)=ab+ac$ や $(b+c)a=ab+ac$ として，かっこをはずすことを学習し，また2年では同類項をまとめることを，$ma+na=(m+n)a$ として学習する。私たち教師にとっては，これら2つの変形は，2つの式の関係を，順序を変えているにすぎないように見える。

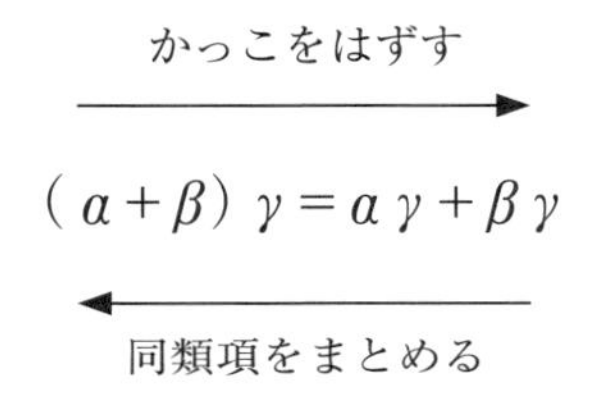

しかし，等号を「計算すると答えは」の意味でとらえている生徒からすると，上図のような理解の仕方が難しくなる。まずは左向きの矢印が見えてこないので，2つの変形の仕方を別のものとらえてしまうかもしれない。さらに，かっこをはずすことは計算をしているように見えるので，こうした生徒にもそれほど抵抗はないであろうが，逆に，同類項をまとめることは，「計算する」というイメージには合わないことになり，違和感を感じてしまうかもしれない。

分配法則は小学校算数でも，4年「式と計算」の学習で，(□＋△)×○＝□×○＋△×○のように，□，△，○を用いて一般的な形でまとめられる。さらに，2年「かけ算」の学習で，12×3の積を9×3の積と3×3の積の和として求める場面があるが，ここですでに12×3＝(9＋3)×3＝9×3＋3×3の関係が用いられていると見ることもできる。3年で乗数が2桁の数であるかけ算を学習する際にも，21×13＝12×(10＋3)＝12×10＋12×3という関係を利用しており，その際には，次ページ上右のような図が用いられている。これは，中学校1年で，文字式のかっこのはずし方を説明する際に示される左側の図と，よく似ている。

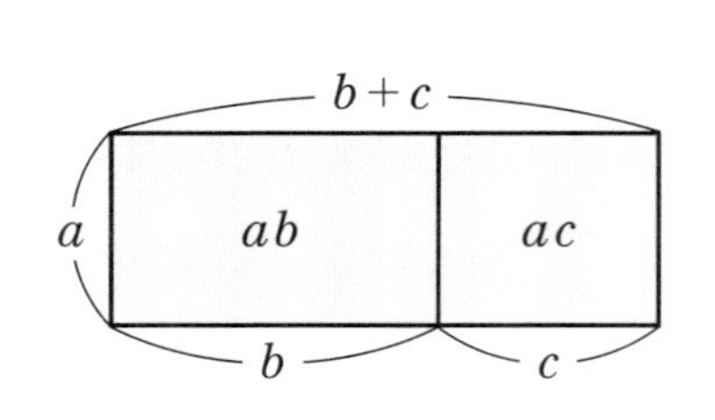

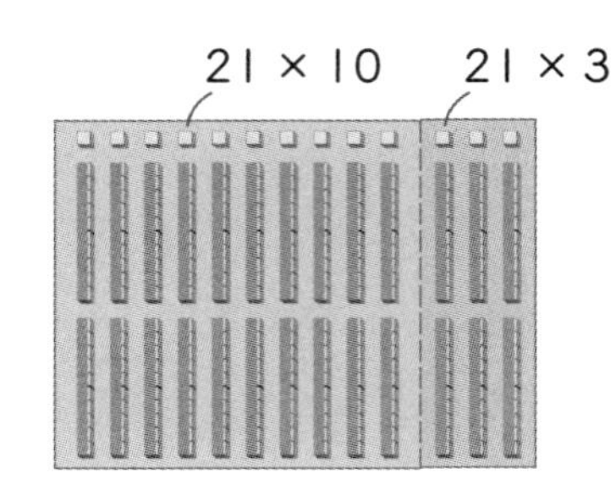

このように，算数の学習の中で，生徒たちは分配法則について意外と多くの経験をしてきている。ただし，上の例からわかるように，その経験のほとんどは，かっこをはずして，より簡単な2つの式の計算に還元するという場面での経験である。分配法則に出てくる等号に対して，この経験から生徒たちが感じ取っている意味は，おそらく，かっこをはずして「計算すると結果は」というものであろう。

そうした生徒の姿を，疋田（2015a）の調査から見てみよう。

2年「式の計算」の授業で，連続する3つの整数の和が真ん中の整数の3倍になっていることを，文字式を用いて説明する場面である。疋田（2015a）は与えられた条件を文字式で表すとともに，生徒の目的を持った式変形を促すために，結論部分についてもクラスでいっしょに文字式で表したのちに，各自で説明を考えさせた。以下は，この生徒Aが隣の生徒Bといっしょに，3つの整数をa，$a+1$，$a+2$と，結論部分を$3(a+1)$と表せることを納得した上で，説明を作ろうとしているようすである。

生徒A：簡単じゃんこんなの。

生徒B：どうするの？

生徒A：（ワークシートに記入しながら）$3a$でしょ。えっ，どの形にするの？
この形にすればいいの？（シートの「$3(a+1)$」を指す）

生徒B：（生徒Aのシートの「$3n$」を指して）$3n$にすればいい。

生徒A：えっ，違う。これ［$3(a+1)$］，これにすればいいんでしょ。結論だから。

生徒B：（「$3(a+1)$」を指して）あっ，そうだ，そうだ。これにすればいい。

生徒A：はあ！（計算式と結論を見つめて）えっ，待って，待って。あっ。えっ？えっ！ あっ，わかった，わかった。あっ，できた。多分。多分これ。（シートに計算結果を記入しようとして）はっ？ aたす，aたす，aは$3a$だろ。（シートに$3a+3$と記入する）3たす2。2たす1で3。これじゃあ，できません。どうしましょ。（しばらくシートを見つめる）無理でしょ。難しすぎる。

生徒B：これを3括弧aプラス1の形にするの？

生徒A：無理でしょ。

生徒Bが今の場合の結論部分を$3n$としたときに，生徒Aは違うと指摘した上で$3(a+1)$であることを教えており，文字式を変形して最終的にはこの形にしなければならないことを意識している。しかし，式を変形して$3a+3$という形にまでしておきながら，そこから$3(a+1)$にすることができないでいる。もちろん，$3a+3$について，これを$3\times a+3\times 1$と見ることができず，共通因数の3に気付かなったという可能性もある。しかし，生徒Aが他の生徒による説明を聞いた際に，「どっから1が出てくるの」と疑問を呈したり，さらに教師の説明を聞いたあとでも「はあ？ いや，いや，いや，無理でしょ，どっからあの1が出てくるの？」と言っていたことを考えると，どうも$3a+3=3(a+1)$という変形に，大きな抵抗を感じていると言えよう。

私たち教師からすれば，同じ式を右から見るか左から見るかの違いでしかないように思えるが，生徒の中にはこの変形に違和感を感じる者もいそうである。仮に，$3\times a+3\times 1$の共通因数にうまく気付けない場合でも，私たちの感覚では，逆に$3(a+1)=3a+3$となるのだから$3a+3=3(a+1)$とくくっていいでしょ，と思ってしまうが，そうもいかない場合もありそうである。

とはいえ，等号が両辺の相等関係を示すものであり，したがって$A=B$と$B=A$とは同じことであること，また等式の左辺から右辺に移るときに，それまでの「計算を進める」というイメージとは異なる思考の流れが起こりうることを，中学校の数学を学習する際には，生徒に納得してもらう必要がある。なので，私たちとしてはやはり機会をとらえて，そうした等号の使い方や読み方に慣れてもらうよう注意をしていく必要がある。

例えば (1) で取り上げた式のとらえ方と，この (2) の等号の意味とを合わせると，私たちが式を提示する際にちょっとした注意をはらうことも，生徒が中学校らしい式の利用に慣れるための1つの大切な機会と見ることができる。文字式の学習において，前章でもふれたように，文字のところに具体的な数を代入して確かめをするといったことがよくある。このときに，「具体的な数値を入れた計算の手順＝答え」というニュアンスで提示をするか，それとも「具体的な数＝その数の構造を示す数式」というニュアンスで提示するかで違いのあることは，ここまでの議論を思い出していただければ明らかであろう。教科書でも，2年「式の計算」で2けたの自然数の和についての性質を文字式で説明する際には，2けたの数について，「$36=10\times3+1\times6$」といった数式でその数の構造を確認するようにしている。

私たちはこの式を板書したり，解説したりする際に，「具体的な数＝その数の構造を示す数式」という気持ちで提示をしている。しかし，生徒はこれを自分にとってわかりやすい「具体的な数値を入れた計算の手順＝答え」という形で解釈してしまう場合がある。疋田 (2015b) の授業でも，教師は数の構造を具体的な数で確認しようと「$25=10\times2+1\times5$」と板書をしたのであるが，これを生徒がワークシートに書く際に，「$10\times2+1\times5=25$」とわざわざ左辺と右辺を入れかえて書き入れたようすが見られる。こうした生徒も2けたの自然数を文字式で表す際には，上の式をもとに$10x+y$と表すことができているので，この場面だけで見れば左辺と右辺を入れかえたことにそれほど問題があるわけではないが，具体的な数が入った数式であり，左辺と右辺が等しいものであることが容易にわかる場面だけに，ここまで述べてきた等号の使い方に慣れるには有効な学習の機会となりうる。

実際，この疋田（2015b）の授業では，数式を「具体的な数＝その数の構造を示す数式」を確認する手立てとして意識的に取り上げ，板書の仕方も一貫して形をそろえていたので，生徒たちも左辺に数，右辺にその構造を表す式という書き方を徐々に採り入れるようになっていった。2けたの自然数の問題では上述のように，板書をわざわざ「10×2＋1×5＝25」と変えて書いていた生徒たちも，そのあとの奇数と偶数に関わる問題を扱った授業では，今度は「5＝2×2＋1」「7＝2×3＋1」という表現の仕方をするようになっている。こうした式の書き方が自然にできるようになることは，等号の意味を中学校数学らしいものにし，またそれと関わって，右辺に来る「＋」の入った式のとらえ方も変えていく可能性を持っている。

私たち教師も，上のような式を説明する際に，「数の構造」とか「数の仕組み」といった言葉遣いをして，この式が“何を”表しているのかを常に生徒に意識してもらえるように留意をする必要がある。このことは単に式のとらえ方の問題に留まらず，第3章で見るように，証明や説明のポイントにも関わる話になってくる。

なお「7＝2×3＋1」という式は，上でふれた小学校5年「小数のわり算」で学習する，「わられる数＝わる数×商＋あまり」の式である。この式を左辺と右辺の位置も含めてこの形で理解できることが，文字式の学習においてポイントになることが改めて感じられる。

等号の意味をどうとらえるかについて，算数と数学で微妙な違いがあり，その違いが等号を用いた式についての生徒の理解に影響を与えるとすると，等号が用いられる場面については，それがどのような意味で用いられているのかを，私たちの側でも吟味しておく必要があるのかもしれない。さて，関数の式における等号，すなわち $y=ax$，$y=ax+b$，$y=ax^2$ という関数の式における等号は果たしてどのような意味を表しているのだろうか。またその意味は，生徒がとらえている等号の意味とうまく整合するだろうか。一度，考えてみていただきたい。

(3) 計算のイメージ

小学校算数で四則計算について学習する際には，大きく2つのことが扱われる。1つは計算の意味であり，もう1つは筆算である。

小学校1年で加法を学習する際には，2つのものの集まりを「あわせる」，あるものの集まりについていくつか「ふえる」という場面により学習し，加法のイメージが作られる。同様に，減法についてはあるものの集まりからいくつか「とる」という場面が用いられる。2年の乗法の学習では，「同じ数ずつのものが何こかあるとき，ぜんぶの数を求める計算」としてかけ算が導入され，3年の除法の学習では，「全部の数をいくつかに同じ数ずつ分けて，1つ分の数をもとめる計算」，および「全部の数を同じ数ずつ分けて，いくつに分けられるかをもとめる計算」としてわり算が導入される。

こうしたイメージは，中学校で新たに学習する数についての計算でも，利用されている。例えば，1年「正の数・負の数」で加法を学習する際には，最初に以下のような関係を確認したのち，計算する数の範囲を負の数にまで広げている。

$$(+5) \quad + \quad (+3) \quad = \quad +8$$

（1回目の動き）+（2回目の動き）=（動いた結果）

この関係は，2つの動きを「あわせる」こと，あるいは最初の動きに対してもう1つの動きの分が「ふえる」というイメージにより理解することができる。減法についても，以下のような関係は，全体の動きから1回目の動きを「とる」というイメージで理解ができそうである。

$$(+5) \quad - \quad (+2) \quad = \quad \square$$

（動いた結果）−（1回目の動き）=（2回目の動き）

実際，減法を理解する助けとして提示される次のような図は，「とる」というイメージをより明確にしている。

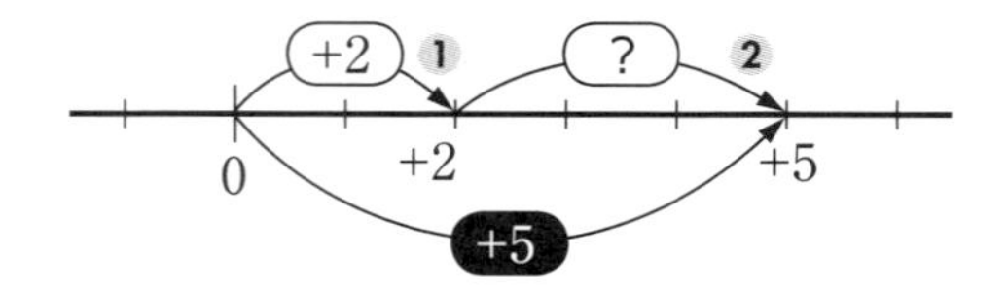

加法については，無理数でも同様の意味づけが最初の段階では利用されてい

る。下図にはそうした意味が見えている。

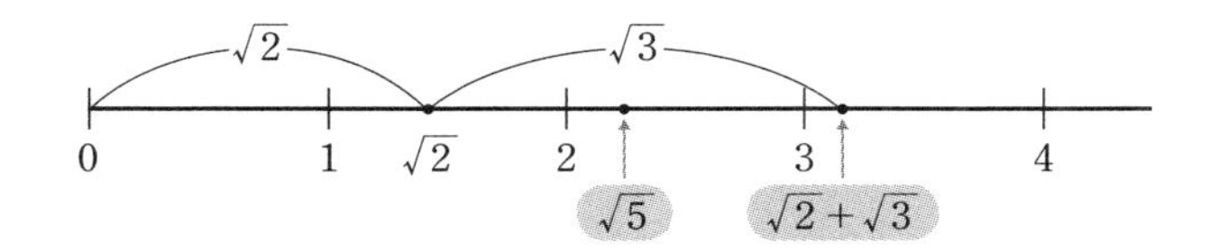

ただし，減法は特に取り上げられず，負の数の加法として自然にとり入れられている。したがって，無理数の学習では，減法については算数での計算のイメージよりも少し抽象的に扱われていると言えるだろう。

加法の「あわせる」というイメージで理解できそうな場面を利用することは，中学校の文字式の学習でも行われている。減法については，算数や正負の数の学習に比べると，文字式の学習では意味が明確にはされないように見える。おつりの場面ではこれまでの「とる」というイメージが生きるが，方程式などの場面で「不足」を表す際には，「とる」というイメージとは少し異なってくるかもしれない。なお，高校で複素数を学習する際には，その加法，減法は文字式と同じように扱うとして，形式的に導入されている。

他方で，乗除法については，文字式の学習の一部で算数と同様のイメージが用いられるものの，その文字式の学習でも面積や体積を求める場面で説明がされたり，小学校6年で学習する速さの場面で意味を与えるようになっていく。負の数の乗法も速さの場面により導入されるが，負の数の除法は乗法の逆として導入される。無理数の乗除法については特に具体的な場面は用いられず，無理数の乗法や除法が何を意味するのかのイメージは考えずに，積や商がいくつになるかを（あるいは，いくつと考えるべきなのかを），平方根の定義に基づいて決めるようになっている。強いて言えば，無理数の除法に関しては，1年の文字式の学習でやったように商を分数として考えていくが，その考え方の起源は，小学校5年で学習する商分数[3]の考え方にあると言えるかもしれない。このように，乗除法については，算数で経験してきた乗除法の意味とは少し違う意味を持たせられたり，あるいは意味にあまりふれずに，導入されていることも増えていく。

3　小学校5年の分数の学習において，2Lを3等分したときの1人分の量を求めるのに，$2 \div 3 = \frac{2}{3}$としてその商を表せることを学ぶ。こうした分数の用法を算数教育では商分数と呼んでいる。無理数の除法はこの逆を考え，2数の商とはその商分数のこととして規定し，導入していると見ることができよう。

こうした導入では，算数で経験してきた乗除法の意味やイメージに生徒たちが頼ることができないので，私たちが導入している演算を，生徒たちが乗法や除法として受け止めてくれているのか，あるいは，どのようにすれば乗法や除法として受け止めてもらいやすくなるのかにも，注意をはらう必要がありそうである。

なお，高校の複素数の学習においては，乗法はやはり文字式の計算のように導入され，除法も分数の計算として扱われている。後々のこうした学習を考えると，四則演算を算数的な意味に依拠せずに考えられるようになることも，数学の学習としては大切なことではある。

小学校の算数では，四則演算に関して筆算の学習がかなりの比重を占めている。そうした経験から，生徒たちの中には，「計算と言えば筆算をして答えとなる数値を求めること」というイメージを持つ生徒もいるであろう。例えば，岡本ほか(1998)の実践に，そうした生徒の姿が見える。この実践では生徒たちから出された疑問をベースに，それを考える中で理解を深めることが試みられている。数学の内容について，ともするとつい当たり前と考えてしまう私たち数学教師と違い，生徒たちは素直に疑問を感じているように見える。それだけに，改めて問われてみると，私たちでも一瞬戸惑うような疑問も多い。その1つに次のようなものがあった：「私は$\sqrt{2}\times\sqrt{3}=\sqrt{6}$になること自体がおかしいと思っている。終わりのない数と終わりのない数を『かける』ことができるのだろうか？」(岡本ほか, 1998, p. 170)。

「$\sqrt{2}\times\sqrt{3}=\sqrt{6}$になること自体がおかしい」の部分だけを見ると，教科書でも取り上げている$(\sqrt{2}\times\sqrt{3})^2$の計算をもう一度ていねいに説明すれば対応できそうである。しかし，その「おかしい」の生徒なりの根拠が，「終わりのない数と終わりのない数を『かける』ことができるのだろうか？」となると，少し話が違ってくる。

上で述べたように，算数での経験からすると，計算をして実際の数値を求める際には，たし算でもかけ算でも筆算をしてきている。しかも，かけ算では，右端をそろえて計算するとして学習してきているので，生徒たちからすれば，計算を実際にするならまずは右端をそろえないと，と考えたのであろう。ところが$\sqrt{2}$などについては,「小数部分が限りなく続く」となっているので右端をそろえることができず,「かける」ことができない, と考えたものであろう。

$$\begin{array}{r} 1.41 \\ \times \quad 1.73 \\ \hline 4{}^{1}23 \end{array} \quad \Rightarrow \quad \begin{array}{r} 1.41421356237309\cdots\cdots \\ \times \quad 1.73205080756887\cdots\cdots \\ \hline ? \end{array}$$

なので, この生徒の疑問に応えようとするならば, 私たちは「小数部分が限りなく続く」ものどうしを「かける」ことができるのか, またそれが本当に答えを持つのか, を考えざるを得なくなる。また, $\sqrt{2}\times\sqrt{3}=\sqrt{6}$ となるのであれば, $1.414213\cdots\times1.732050\cdots=2.449489\cdots$ と考えてよいのかも気になる。このようなことが見えてくると, この生徒の疑問は, 算数の延長上に自然に出てきているものであると同時に, 無理数についての重要なポイントにもふれたものと言えよう。そういえば, 第1章に登場してもらった安田くんも, $\sqrt{5}$ が小数点以下何桁かで確定する近似値ではなく「無理数やもんで, 計算できん」, だから $2+\sqrt{5}$ は数ではないとしていた。

ちなみに, 同書に載っている疑問の中には「$\sqrt{2}$ などの数を無理数として認めているが, それを数として認めてもよいのだろうか？」(p. 161) というものもあり, こうした生徒たちの疑問にどう応えられるかを考えることは, 私たちの教材の理解を深めてくれる契機にもなりうるものである。

小学校の先生方からよく伺う話であるが, 小学校4年までの算数では自然数どうしのかけ算を取り扱うことから, 5年生になったばかりの子どもたちの中には「かけ算をすると答えは大きくなる」「わり算をすると答えは小さくなる」というイメージを作り上げている子もいる。そして, それが小数をかけたり, 小数でわったりする場面で, 子どもたちの演算選択の邪魔をすることがある。本節で見たことを振り返ってみると, 中学校で数学を学習する際にも, 算数における経験の中で作り上げられてきた計算に対するイメージが, さらには式やそこに現れる等号に対するイメージが, 生徒たちの学習に影響を与えている可能性がありそうである。

算数と数学とはつながっていながら微妙な違いがあるということは，数と式の領域だけでなく，図形などにも見られる。次節では，こうした小中での微妙な違いが，図形の論証の領域でも少なからず影響を与えていることを見てみよう。

第2節 かたちと図形

(1) 証明に対する生徒の違和感

次のような問題に取り組む，中学3年生の事例を考えてみよう(布川と福沢，2001)。

問題： △ABCがある。BAを1辺とする正三角形BADを△ABCの外側にかき，ACを1辺とする正三角形ACEを△ABCの外側にかき，BCを1辺とする正三角形BCFを△ABCの内側にかきなさい。このとき四角形AEFDはどのような四角形になりますか。

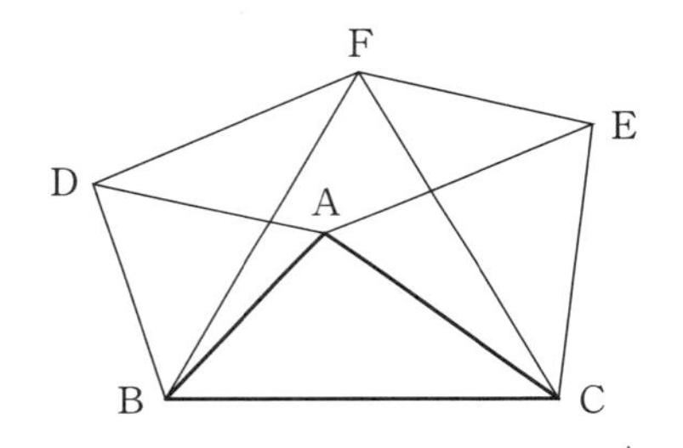

この事例は福沢俊之氏による調査からのものであるが，その際には，作図ツール[4]の一種であるカブリ・ジオメトリーというソフトを使いながら，生徒に解決をしてもらった。以下の事例の中では，ソフトに備えられた長さを表示させる機能や，1組の辺が互いに平行かをチェックする機能なども利用していることをご承知おきいただきたい。なお，今の問題場面の場合だと，最初に自由に作図できる△ABCの各頂点は自由に動かすことができる。そして，頂点を動かしても，3つの辺の上に正三角形があるという条件は保たれ，その条件を満たす状態で動くことになる。

1組のペアである野川くんと山田くんは，問題場面を作図をしたものを見て，四角形AEFDが平行四辺形になることを見た目で判断している。

4　作図ツールは，幾何学図形を描画するソフトであるが，単に描画できるだけでなく，頂点を動かすと平行や二等分といった設定した条件を保ちながら変形させることができる。上の問題場面を作図ツールで描いたものを以下に載せたので，興味のある方は試してみていただきたい。
http://www.juen.ac.jp/g_katei/nunokawa/DynamicMath2/fukuzawa_problem1.html

野川：どんな四角形になりますか。

山田：見た目では平行四辺形。

もちろん，最初に見た目で結論の予想をすることは悪くない。問題は，そこからなぜ平行四辺形になるのかと考え，四角形AEFDが平行四辺形になることを証明する方向に向かわないことである。例えば，点AをBCの上まで動かしながら，2人はこんな会話をしていた。ちなみにこの会話以前に，彼らは画面上の四角形AEFDについて，4つの角の大きさをソフトで測定して表示させ，さらに4つの辺の長さも表示させていた。

山田：それじゃだめじゃん，

野川：ははは，え，でも一応ADFEじゃん，四角形，これもなにげにあれでしょ，OKなわけでしょ。偶然こうなるわけじゃないでしょ。

山田：何か隠されてる［Aを動かす］。

野川：こんな感じかな，また平行四辺形でしょ，こいつは。

山田：どこ動いても平行四辺形だね。

野川：形は平行四辺形なんだよ。

山田：なんで平行四辺形なんだ……。

野川：なんでなんだ，ほら，ほら，怪奇現象だ，これは。ほら，この形きれいじゃない？［AがBC上にある状態からAとFが一致するところまで動かす］

山田：平行四辺形……。

野川：そうだよな，平行四辺形だよな。

山田：なんで平行四辺形？

野川：え，だって対辺が等しいじゃん。

山田：だよね。

野川：うん，でしょ。

山田：平行かどうか［ソフトに］聞いてみれば？

野川：ああ，平行って［コマンド］あった。ここここが一緒なら平行でしょ。

山田：念には念を入れて。

2人は「偶然こうなるわけじゃない」「何か隠されてる」と感じ，そこから「なんで平行四辺形なんだ」と問う。しかし，それは特には深まりを見せず，点Aを動かして図形の動きを楽しんだあと，山田くんの「なんで平行四辺形？」との再度の問いに対して，野川くんは「え，だって対辺が等しいじゃん」と答え，また山田くんもそれに「だよね」とすぐに同調している。

平行を確認した彼らは，「結論としては平行四辺形」と言って，探究を終えてしまった。教師が「どうして平行四辺形なの？」と尋ねると，今度は「対辺が等しくて」「対角が等しい」と答えている。

私たち教師からすると，せっかくここで「なんで平行四辺形？」という問いを持ってくれたのであるから，そこから，「どうして今の条件で，対辺が等しくなるのかな？」などと考えて，証明に向かって進んでほしいところである。しかし生徒からすると，コンピュータのソフト上できれいにかかれた問題場面を見たときに，その図の上では四角形AEFDは平行四辺形に見える。しかも，点Aをいろいろに動かして図形全体のようすが変わっても，四角形AEFDだけはいつも平行四辺形になっていそうだから，平行四辺形にきまっているじゃないか，そんなことを考えているのだろう。

実際，梅川(2001)は，自身の中学校での指導の経験から，「図形の性質の証明がわからないという生徒の代表的な声」として，次のようなものをあげている。

- 見た目で判断して何でいけないの？
- 当たり前のことをなぜ証明しなければいけないの？

生徒の中には，見ればわかることなのに，なぜわざわざ，この辺とこの辺が等しいとか，この三角形とこの三角形が合同といった，長々とした議論をして説明をしなければいけないのか，という疑問を感じているということであろう。

(2) かたちの見た目や性質と図形の定義

証明をしてほしい教師と証明をする意味がわからない生徒との間のこうしたギャップについて，その1つの原因を提案したのがオランダの数学教育学者ピエール・ファン・ヒーレである（布川，1994）。中等学校の教師であったときの経験をもとに，彼は，このギャップの原因を，教師と生徒の間にコトバの壁があるのではないかと考えた。今の場合であれば，「平行四辺形」という同じコトバを使っているように見えて，実は，生徒は私たち教師と違った意味でこのコトバを使っているのではないか，ということである。

もちろん，教科書にかかれた平行四辺形を見たときに，生徒もそれを平行四辺形と認めてくれるであろうし，「ノートに平行四辺形をかいてごらん」と言えば，私たちの目から見ても平行四辺形だなと思える図形をかいてくれるであろう。だから，違った意味といっても，ふだんの授業で話がまったく通じなくなるようなレベルで違うわけではない。しかし，その違いが非常に微妙なものだけに目立ちにくく，かえってやっかいだとも言える。そんな違いなのである。

この違いを考えてみるために，木村（1994）の調査における中学校2年生の発言を見てみよう。インタビューの途中で教師が「平行四辺形とはどんな四角形と言えますか」と問うたのに対して，この生徒は「傾いた四角形だと思う」と答えている。つまり，下左図のような平行四辺形は，右のように，おそらく長方形を少し傾けたかたちとしてとらえられている。

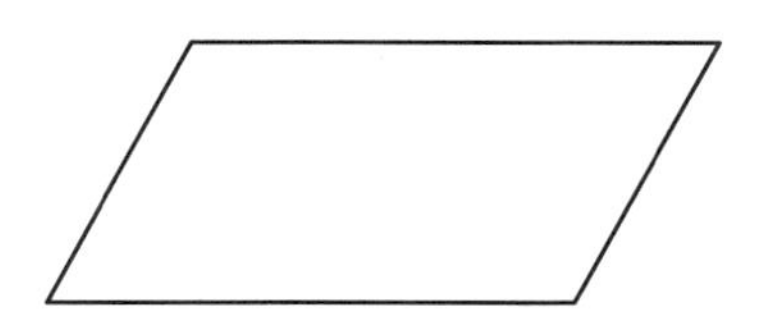
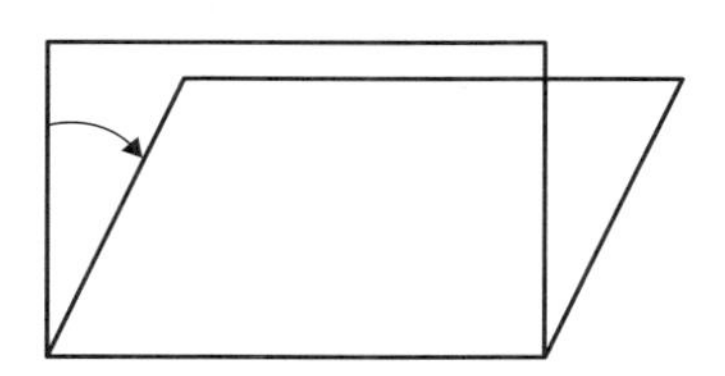

もちろん，こうした見た目でとらえているとしても，平行四辺形の性質を知らないわけではなく，例えば，この生徒も「向かい合う辺が同じ」とか「向かい合う

辺が平行」,「向かい合う角が同じ」といった性質については話題にすることができていた。それだけに,うっかりすると,私たちと彼らの「平行四辺形」というコトバの違いには気付きにくい。

では,どこが違うのかと言えば,こうした生徒にとっては“かたち”なのだからまずは見た目が第一であり,見た目による判断が大きなウエイトを占めている。生徒たちの「平行四辺形」は「傾いた四角形」のような見た目をしたかたちであり,「向かい合う辺の長さが等しい」とか「向かい合う辺が平行」,「向かい合う角の大きさが等しい」といった性質は,私たちの温和とか無精といった性格と同様,そのかたちが持っている性格にすぎない。ファン・ヒーレはこのレベルのかたちのことを「性質の運搬者」と呼んでいる。これに対して私たち教師が考える「平行四辺形」は「2組の対辺がそれぞれ平行な四角形」である。つまり,定義により完全に規定された図形であり,それ以上でもそれ以下でもない。定義で規定される図形を紙の上に仮に実現してみると,傾いた四角形のように見えるだけであり,そうした見た目は平行四辺形について考えていく上でそれほど大事ではない。

本節最初に取り上げた問題で,四角形AEFDが平行四辺形かどうかを確認するためには,私たち教師はそれが平行四辺形の定義,あるいはそれと同値な性質を満たしているかを示すことによってしか確認のしようがないと考える。しかし生徒たちにとっての「平行四辺形」の意味に基づくならば,見た目が傾いた四角形の感じであることが第一であり,他の性質はそれを補強する状況証拠のようなものかもしれない。長さを表示させてみたり,あるいは見た目で向かい合う辺の長さが等しいことを確認して,そうした状況証拠がいくつかそろえば,それで平行四辺形だとする判断が補強される。状況証拠であれば,上の山田くんが言っていたように「念には念を入れて」証拠をたくさん集めれば確実性が増す,という気持ちもよくわかる。

私たちでも,例えば遠くに人影が見えたときに,それが誰かを判断する際には同様のことをしているのではないだろうか:「あっ,あれは斉藤先生だな,背が高いし,それにメガネをかけているもの」。「あそこを散歩している犬,あの色や耳の具合,きっとビーグルでしょ,やっぱり,ちょこちょこ動き回っているよ」等々。

その意味では，生徒たちのかたちの判断の仕方は，むしろ“常識的”なものと言えるかもしれない。むしろ日常場面で何かの定義を話題にしたら，怪訝な顔をされることの方が多いのではないか。

こうしたかたちのとらえ方は，もちろん算数での学習経験の影響を受けている可能性もある。確かに算数でも，4年生のときに平行四辺形を次のように学習している：「向かい合った2組の辺がそれぞれ平行な四角形を，平行四辺形と言います」。「対辺」が「向かい合った辺」になっていることをのぞけば，中学校で学習するのと全く同じ定義を学習しているように見える。ファン・ヒーレの指摘を参考にすると，実は，この定義が私たちが考えるような定義としては機能しておらず，どちらかと言えば1つの性質程度にしかとらえられていないのではないか，という疑問が出てくる。そうしたようすが表れた事例を2つ見てみよう。

菊地（1998）は，小学校5年のひし形の面積の求め方の授業で見られた，児童のようすを取り上げている。そのとき学習のために配られたひし形の紙（ただし名称は告げていない）が平行四辺形であるかひし形であるかという議論になった。そして，そのことを発端に，図形の包摂関係の内容へと発展し，以下のような意見が出されたとしている。

G1：ひし形は平行四辺形だけど，平行四辺形はひし形ではない。
E2：全部の辺が等しい長さだったらひし形だから全部平行四辺形というのはおかしい。

教師が「ひし形のきまりを言ってみよう」と促したときには，次のような考えが出されている。

E3：4つの辺が等しくて，対角線は直角に交わる。
J1：4つの辺が等しいとか，対角線が交わるというのは正方形でもできる。正方形が入らないように「向かい合った辺が平行」を入れた方がいい。

D３：「向かい合った辺が平行」でも正方形は入っちゃう。

G３：それなら平行四辺形の条件は長方形の条件と同じだ。ひし形の条件も同じ……？

J２：正方形や長方形は４つの角が直角だけど平行四辺形は直角がない。

C４：正方形は対角線の長さが等しいが，ひし形は等しいとは限らない。

J５：４つの辺が同じというならば，角のことは入っていないから，正方形も入ってしまう。角度のことも入れなければいけない。ひし形のきまりなんだから。

ひし形についても「４つの辺の長さがみな等しい四角形をひし形と言います」として学習している。しかし，E3やJ1，D3の発言からわかるように，４辺が等しいことが，対角線が直交するとか対辺が平行といった他の性質と同じように扱われている。４辺が等しいことさえ確認できればよいというとらえ方ではないようである。

また，多くの子どもの発言に見られるように，図形の包摂関係の感覚はなく，正方形はひし形であってはならず，ひし形は平行四辺形とは別なものととらえられているように見える。特殊な図形は見た目も特徴的なので，見た目で判断をするときには，それがある図形の特殊な場合であると納得しにくいのも，仕方のないことかもしれない。いくら「４つの辺の長さがみな等しい四角形をひし形という」のだとしても，通常目にするひし形はトランプのダイヤのかたちであり，正方形とは異なるかたちをしている。見た目が全然違う以上，それらは異なる図形なのである。それは折り紙を見たときに私たちがあまり「ひし形だ」と考えないのと似ている。

同様に，ひし形と平行四辺形とは異なるかたちととらえられている。子どもたちが目にする多くの平行四辺形が，長方形を傾けたようなかたちをしているので，正方形を傾けたひし形とは違っている。さらに多くの平行四辺形が１組の辺が水平になるように示されることが多いのに対し，ひし形では１本の対角線が水平になる向きで示されることが多いので，両者の見た目の違いはさらに大きくなる。

このように，この子どもたちの意見の中に出てくる「ひし形」や「平行四辺形」というコトバの意味は，私たちの使っているコトバとまったく違うというわけではないが，まったく同じでもなく，微妙に違っているのである。

さらに，子どもたちはそれまでに目にしたかたちから，帰納的に性質を引き出すので，目にしたかたちの種類によっては，図形的には本質的でない性質まで，その図形の性質だと考えてしまう。また算数では，紙で切り取った平行四辺形を折ったり，ノートにかいた平行四辺形を測ったりして性質を調べるので，まずは見た目がある形状をしたかたちがあり，それが「性質の運搬者」としてさまざまな性質を身にまとっている，というとらえ方になりがちである。

なお，岡崎（2000）の調査では，正方形はひし形であると考えた中学校3年生は55.8%，ひし形が平行四辺形であると考えた3年生は69.5%とされているので，中学生の中にも同様のとらえ方をしている生徒がそれなりに混じっている可能性もある。

コトバの違いは，「三角形」という最も基本的な図形についても生じている場合がある。濱野（1996）は自らが勤務していた小学校の1～6年生296名に対し，いくつかの図形を示して，「三角形を見つけましょう」と問うてみた（未習の子には「さんかく」と問う）。このとき，下の左のようなかたちを「三角形」として選択した児童は1年生でも88%であった。中央の図形では多少下がるものの74%であり，6年生になると97%が選択している。これに対し，右のかたちを「三角形」として選択した児童は5年生が60%，6年生が52%であったとしている。

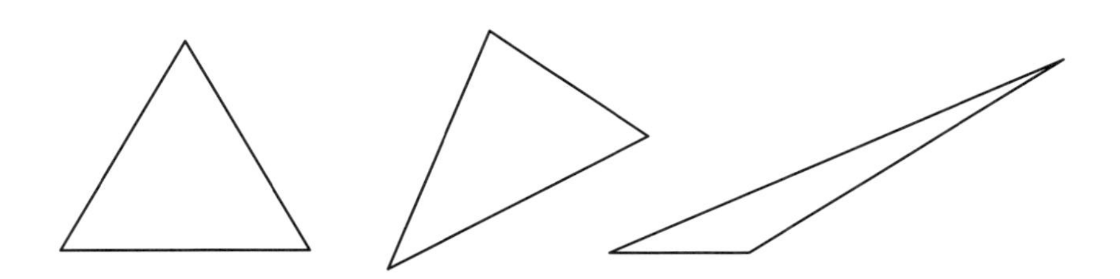

子どもたちは“典型的”な三角形を「三角形」ととらえており，そこから大きく外れたかたちを「三角形」ととらえていない子どもが，高学年の児童にも一部いることになる。三角形については小学校2年で「3本の直線でかこまれた形を，三

角形といいます」[5]として学習している。この定義に従うならば，右側のかたちも三角形のはずであるが，どうもそうなっていない。こうした子どもたちの「三角形」というコトバは，私たちの「三角形」というコトバと少し意味が異なることになる。

こうした傾向だけを見ると，生徒たちの理解の浅さだけが問題になりそうであるが，実は似たような経験を大学時代にした人は，私たち数学教師の中にもいるのではないだろうか。

例えば，距離のことを思い出してみよう。2点A (x_1, y_1)，B (x_2, y_2) の距離は，三平方の定理のところで学習するように，$\sqrt{(x_2-x_1)^2+(y_2-y_1)^2}$ で求められる。これに対し，大学では距離についてもっと一般化したとらえ方をすることがあった。いわゆる「距離の公理」を満たせば，なんでも“距離”として認めようという考え方である。公理が満たすべき性質は次のようなものであった。2点A，Bに対して0以上の値を与えること，2点が一致するときには値が0になり，また値が0になるのは2点が一致するときに限ること，AとBの距離はBとAの距離と等しくなること，そして三角不等式が成り立つこと，という4つである。

こうした距離の例として次のものがある：$max\{|x_1-x_2|, |y_1-y_2|\}$。つまり，$x$座標どうしの差の絶対値と，$y$座標どうしの差の絶対値のうち，大きい方を2点の距離とするのである。

この距離を使って原点中心，半径1の“円”，つまり原点から距離が1である点の集合を考えると，右図のようになる。やっかいなことにこのかたちはどちらかと言えば正方形であり，円には見えない。確かに距離の定義や円の定義にしたがえば，円なのかもしれないが，こんな丸くないものを円と呼ぶことには抵抗がある，と感じても不思議ではなかろう。

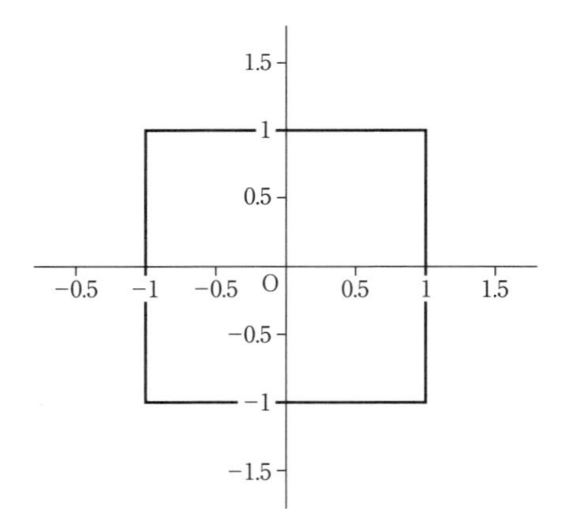

5　算数では直線を「ぴんとはったひものように，まっすぐな線」としており，直線と線分の区別を特にしていない。

上で鈍角の三角形を「三角形」として選べなかった子どもの気持ちも，これに似たものなのかもしれない。定義ではそうかもしれないけど，でも，見た目ではそうなっていない，と。このように，見た目に左右されずに，定義だけにしたがって判断することは，数学では必要とされることではあるが，生徒に限らずそもそも難しいことだと言えるだろう。

(3) 性質の関連付け

私たちが生徒に，例えば「この図形が平行四辺形であることを証明してみよう」というときには，平行四辺形の定義，ないしはそれと同値な「平行四辺形になるための条件」の1つが成り立つかを確認してほしいと思っているし，逆に，それだけを示せば十分という感覚を持ってもらいたいと思っている。他の状況証拠は必要ないと確信してもらいたいし，同時に「見た目で判断して何でいけないの？」と不安を抱かないようにしてあげたい。要するに，図形は定義で判断することが必要であり，それで十分であると考えてもらいたい。

では，子どもたちのとらえ方をかたちから図形に変えていくには，どうしたらよいのであろうか。前項で見た，平行四辺形を「傾いた四角形だと思う」と答えた生徒について，木村（1994）はインタビューを通して支援を行い，その結果，この生徒のとらえ方に変化が見られたと報告している。そこで，まずは，そのときのインタビューのようすを見てみることで，そのヒントを探ることにしよう。

木村（1994）は論証を学習する前の中学校2年生に対し，まず平行四辺形の紙を折ったり測ったりして性質を調べさせ，次に性質間の関係を考えさせた。もちろん論証を学習していないので，性質間の関係は「これが言えたらこれも言えるかな」と考える程度ということになる。この課題に対して，上で平行四辺形は「傾いた四角形だと思う」と答えていた生徒は次のように考えた。

この生徒が見出した性質は次の5つであった。

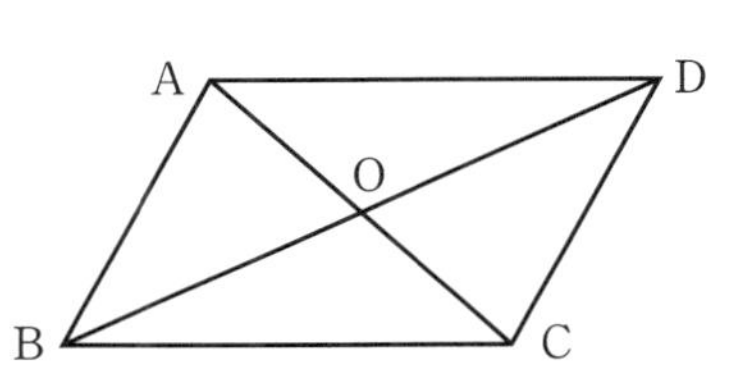

① AD＝BC，AB＝DC

② ∠A＝∠C，∠B＝∠D

③ 点Oのまわりに180°回転させるとまた

同じ形になる

④　△ADO≡△CBO，△ABO≡△CDO

⑤　AD//BC，AB//CD

また，性質間の関係として最初に考えたものは，右のようなものであった。矢印は「これが言えればこれが言える」と感覚にとらえたことを示す。

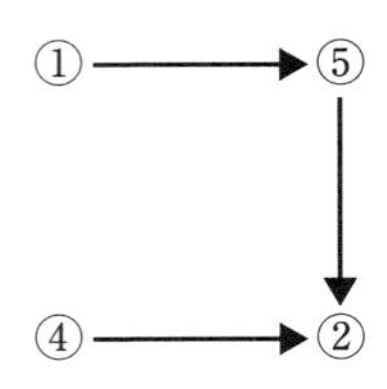

インタビューで，生徒が見つけた5つの性質について，教師が「一番わかりやすいのを3つ選んでごらん」と言うと，生徒は①，②，③を選んだ。

教師： この3つの関係はどうなっているかな。

生徒： 辺の長さが同じなら，角も同じくなるし，辺と角が同じなら点対称になると思う。

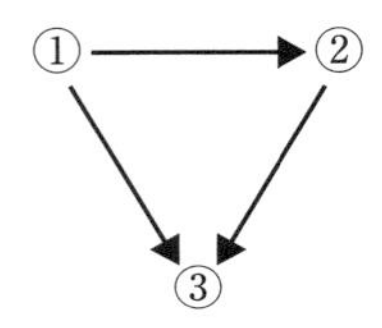

教師： 次にもう1つ加えるとしたら，何番をどこに加えるかな？

生徒： 点対称は，平行も言えてないとダメかな。①と⑤がセットになる。

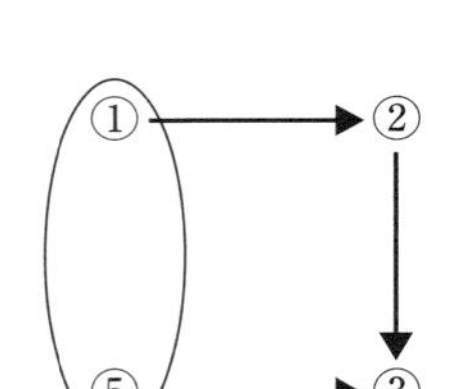

教師： 今と同じように，1つずつ加えたり矢印がもっと出そうなところがあったら付け加えてください。

生徒： 角が同じだからでなくて，点対称だから角が同じになるんだ。矢印が逆になる。

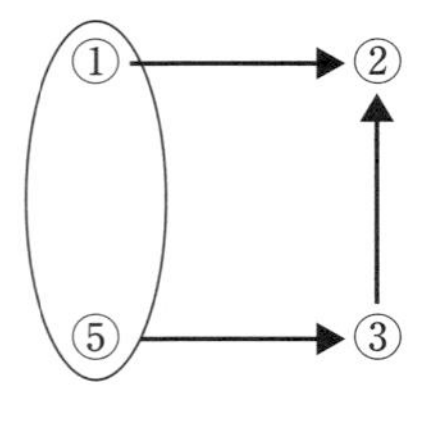

生徒： 辺が同じなら平行かな。点対称なら三角形も重なるから④を付け加えて，合同な

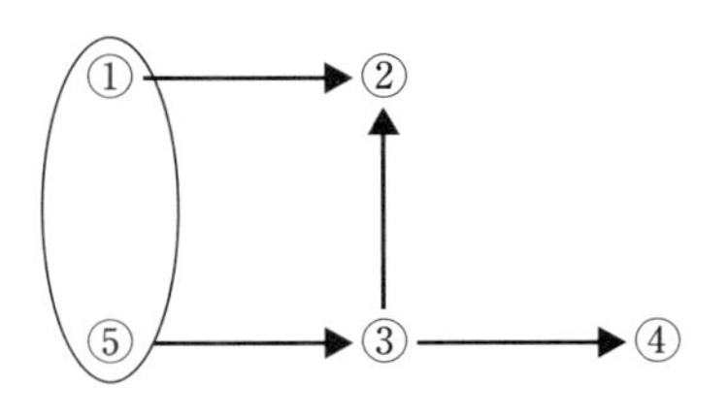

ら辺と角も重なるかな。え，辺が重なるから合同になるのかな。

教師： 初めのときより，いろいろな関係ができてきたね。この図を見て，平行四辺形はどんな四角形と言ったらいいかな。

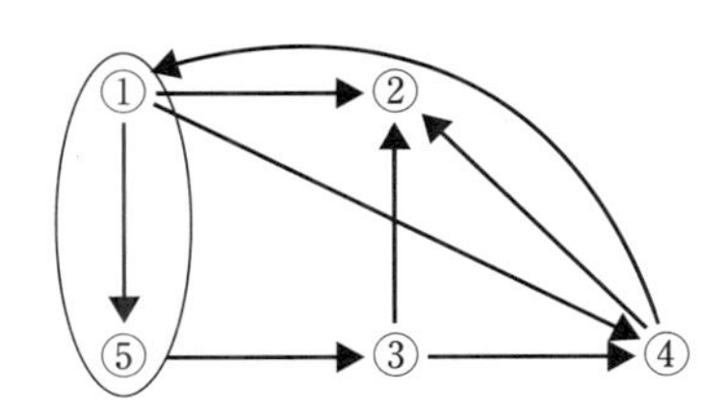

生徒： 向かい合った辺の長さが等しくて，その辺が平行になっている。

最後に出てきた性質間の関係は正しいものではないし，また性質間の関係が辺の長さを中心に構築されていることから，生徒が最後に述べた内容も，定義としては辺の長さという余計な情報が含まれている。しかし，その“定義”は，図の楕円で囲まれた①と⑤からなっており，生徒が構築した性質間の関係をもとにして，いちばん中心にありそうな性質を定義に用いていることがわかる。なによりも，性質間の関係があまり意識されていなかった段階では，「傾いた四角形」と見た目中心でとらえられていた平行四辺形が，比較的少ない数の性質で特徴付けられたことは，この生徒のかたちのとらえ方が，少しだけ図形的なものに成長したことをうかがわせる。

木村(1994)はこうした性質間の関係を付ける活動をした生徒の感想もいくつか紹介しているが，そのうちの1つは，平行四辺形の本質にさらに迫るものとなっている：「ほとんどすべてが関係していて結ぶことができる。なにげなく見ているものだけど，考えてみるとかなりわかることがあるんだと感じた。平行四辺形は2つの平行が中心となって他のが全部結び付いていく。なるほど平行四辺形だと思った」。

これらの生徒の考え方を参考にすると，図形の性質だけでなく，性質間の関係にも目を向けるようにすることが，かたちに対するとらえ方をより図形的なものに変えてくれると期待される。このことをもとに，中学校の授業でどのような手立てが可能かを考えてみよう。

算数では，紙で切り取った平行四辺形を折ったり，ノートにかいた平行四辺形を測ったりして性質を調べるので「性質の運搬者」というとらえ方になりがちと書いたが，中学校でも1年生のうちはこれに近い扱いがされることが多い。例えば，線対称な図形の対応する頂点を結んだ線分と対称軸が直交することは，折り返すイメージに基づいて示されている。また，その事実を使って，たこ形の対角線が直交することを示し，それ以降の作図で使っていく。

こうした活動の際に，図形をかくときに利用した条件を明確にすること，そして，それ以外の性質がそこから派生したことを明確にすることは，性質間の関係を意識することにつながる。これだけの条件だけしか使っていないのに，自動的にそれ以外の性質が出てきて“しまう”という感覚，つまり上の調査で出てきた矢印の感覚が生まれるからである。

髙本(2008)は中学校1年の学習の際に，生徒たちが知っていそうな10個の図形について作図の方法を考え，また作図が正しい理由を説明させるという授業を行っている。その際に，二等辺三角形であれば，等しい長さの2辺を作図する際に，その長さをいろいろに変えたものを作図させている。あるいは，ひし形の作図をするときにも，作図で利用する円の半径をいろいろに変えたものを作図している。長さが変わることで，逆に変わらないもの，つまり長さが等しいという条件は，いっそう引き立つであろう。それによって，長さが等しいという条件だけ保たれれば，長さ自体は変わっても二等辺三角形やひし形ができて“しまう”ことも見やすくなる。

ひし形を作るのに，下の写真のように，先の折れ曲がるストローをつなげるなどして作ってみてもいいかもしれない。

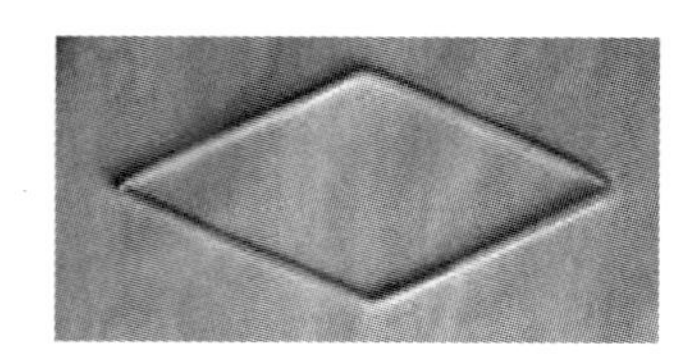

同じストローをつなげただけなので，長さが等しいことしか言えないはずであるが，いろいろに動かしてみても，いつも向かい合う辺が平行になって“しまう”ように見えたり，対角線が直交して“しまう”ように見える。ここから，4辺が等しいという条件から他の性質が生まれることを，感覚的にとらえ，性質間の関係を感じ取ることができる。

平行四辺形の2組の辺が平行であるという条件がすぐにわかるように提示するには，算数でしばしば用いられる，下のような2枚の帯を重ねるというやり方がある。

帯を重ねたので，重なった部分にできる四角形では，2組の辺はいずれも平行になる。しかし，平行という条件しか使っていないのに，向かい合う辺の長さが自動的に等しくなって“しまう”し，向かう合う角の大きも自動的に等しくなって“しまう”。上で見た生徒は，見た目でわかりやすい辺の長さに最後まで注意が向いていたが，平行という条件だけから他の性質が出てくることを，感覚的にとらえることで，平行にさらに注意が向くかもしれない。

条件から性質が出てくることを示す代わりに，条件が崩れると性質が成り立たないようすを観察することも，その条件と性質の結び付きを感じてもらう手立てとなりうる。中学校2年で平行四辺形の性質を学習する際に，導入で平行四辺形を回転させて，気付いたことを考える活動が行われることがある。

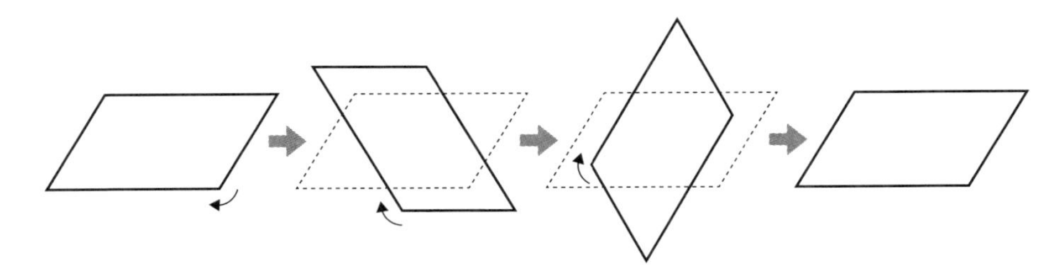

このとき，1本の対角線で作られる2つの三角形を考えると，回転させたときに互いにちょうど重なることから，教科書では，それらが合同であることに目を向けさせて，次の証明につなげていったりしている。このとき，180°回転させたときにちょうど重なる1つの理由として，2組の辺がそれぞれ平行になっているので，180°回転させたときに辺の向きがもとと同じになるということがある。つまり，点対称であることは，2組の辺が平行であることから可能になっている。

これだけだとまだ，平行が決定的に効いていることが見えにくいかもしれないが，平行の条件をくずしてみると，そのことがよりはっきりしてくる。1組の辺を平行でない状態にしただけで，180°回転させたときに，もとの図形と重ならなくなってしまう。

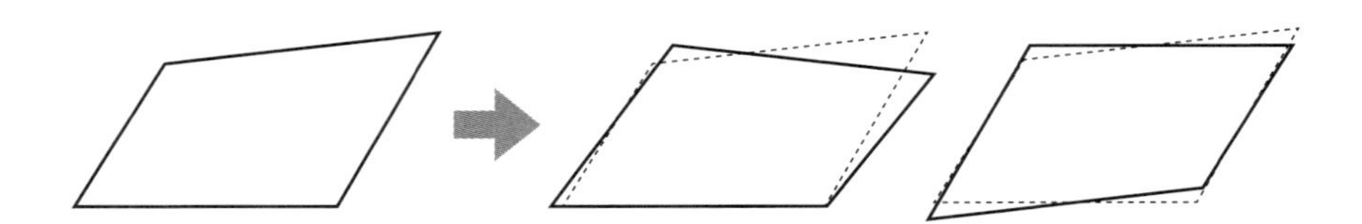

このように，2組の辺が平行であると点対称になるし，1組でもくずれると点対称でなくなること，そして，辺の長さが等しいことや角の大きさが等しいことも成り立たなくなってしまうことを，ちょっとした観察から確かめることも，2組の辺が平行という条件が，他の性質の根源にありそうだという感覚につながると期待できる。

こうした活動は，一方では，図形の見た目に基づきながら，操作的に考えているという意味では算数的な活動であるが，他方では，単にかたちの性質を調べるというだけでなく，かたちの性質の間の関係にまで目を向けているという点で中学校の数学的な活動でもある。木村（1994）の調査で見た生徒のように，性質間の関係を感覚的にでも考えてみることで，ある性質が他の性質の根源にあることを感じ取り，そして，そうした根源にある性質として，改めて定義の重要性やその役割を意識することができるのではないだろうか。

無理数や式のところで述べたことと同様になるが，証明の学習の前にはまだ，平行四辺形のとらえ方が完全には図形的になっていない生徒もいるかもしれない。平行四辺形の性質を証明したときに，そのことが性質間の関係も明らかにしているということ，つまりその性質は前提にあった性質から派生したものであるということをていねいに確認することで，証明の学習を進めながら，生徒の図形のとらえ方を育てていく可能性も考えられる。

第3節 その他の小中のずれ

前節までに見てきたような小中での微妙なずれは他の単元にも見られる。最後に簡単に，比例式および比例と反比例に関わる小中の微妙な違いについて見ておこう。

(1) 比例式

中学校1年で学習する比例式についても，類似の内容を小学校6年の算数で学習してきている。3：6といった比を学習し，比の値についても学習している。そして，比の値が等しいとき，2つの比は等しいといい，例えば「4：1＝8：2」と書くことを学ぶ。さらに，わからない量をxとして，「2：3＝x：12」や「4：5＝100：x」の式からxを求めることも学習してきている。

この学習についても，小中での微妙な違いがある。第一の点は，比の値の定義である。これは教科書にもよるが，例えばある算数の教科書では次のような定義になっている：「比がA：Bで表されるとき，Bをもとにして，AがBの何倍に当たるかを表した数を，A：Bの比の値といいます。A：Bの比の値は，$A \div B$の商になります」。別の教科書では，「a：bの比の値は，$a \div b$で求められます」と説明している。他方で中学校の教科書では，「aをbでわったときの商$\frac{a}{b}$を，比の値という」と，商により比の値が定義されている。いくつかの算数の教科書では，倍として比の値を定義し，それは商により求めることができるとしていたのに対し，数学では商により比の値が定義されている。つまり，比の値と$a \div b$の商との関係が，小学校と中学校で微妙に違っていることになる。

第二の違いは，比例式についての操作の仕方である。例えば「2：3＝x：12」からxを求めるときに，数学では$2 \times 12 = 3 \times x$と，内項の積と外項の積が等しいという関係を用いる。これに対し，算数では，後項どうしを見て，後項が3から12と4倍になったので，前項も4倍になる，したがって2×4で$x=8$と求める。

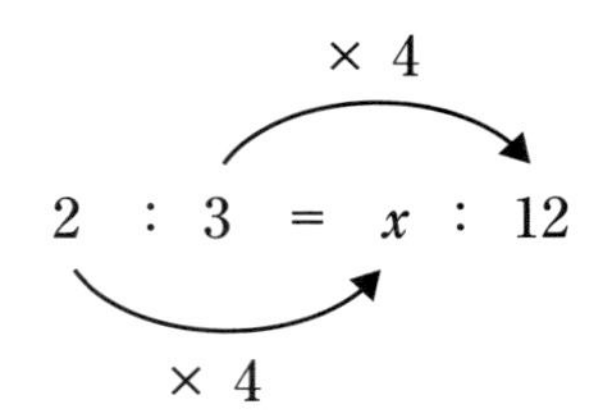

ここで，内項の積と外項の積が等しいという関係が，$\frac{2}{3}=\frac{x}{12}$という比の値が等しいという関係に基づいていたことを思い出すと，算数と数学の違いがより明確になってくる。次のような場面を例にして考えてみよう：「水120mLと乳酸飲料の原液30mLを混ぜるとおいしい乳酸飲料水を作ることができます。もしも原液が180mLあるとすると，水は何mL必要でしょう」。比例式で書けば120：30 ＝x：180である。比の値が等しいとする考え方では，水が原液の4倍であるという水と原液の関係（下図の実線の矢印）を用いることになるのに対し，算数の考え方では原液が6倍になるので水も6倍という原液どうしの倍関係，水どうしの倍関係（下図の点線の矢印）に着目している。

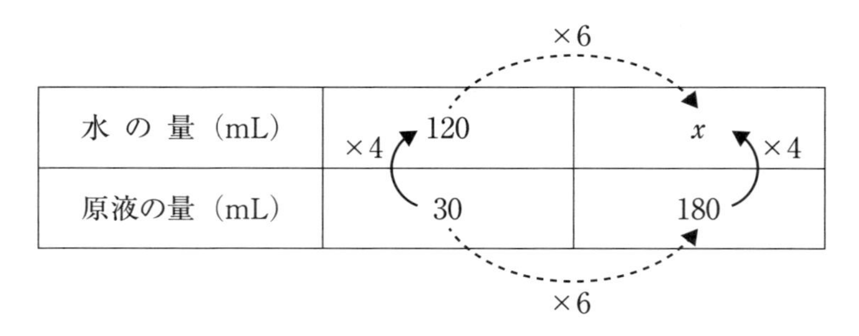

水 の 量（mL）	120	x
原液の量（mL）	30	180

算数の考え方では，原液が例えば261mLになったときなど，原液が何倍になったかがすぐには出てこない場合には考えにくくなる。比の値が等しいことから，内項の積と外項の積が等しい関係を導き，1次方程式を利用する方が，形式的に処理もできて，そうした数値の影響を受けにくい。ただし，算数の考え方は，原液が6倍になったのだから水の量も6倍にすれば同じ味になるという，場面のようすに基づいてイメージしやすい。比例式に関わり，生徒たちの算数での経験は場面のようすに基づくものであったことを考慮に入れながら，1次方程式の知識を利用することの利点が生徒に見えやすい指導を行うことが，小中の微妙な違いを埋めることになるであろう。

(2) 比例と反比例

比例式と同様のことは，比例や反比例でも見られる。比例でも反比例でも同じことであるので，比例についてだけ述べることにしよう。

比例についてはxの定義域や比例定数の値が負の数にまで拡張されることが，小中での大きな違いであるが，よく知られているように，比例の定義も両者で異なっている。中学校の数学では比例は次のように定義される：「yがxの関数であり，変数x，yの間に，$y = ax$の関係が成り立つとき，yはxに比例するという」。これに対し，小学校6年の学習では比例は次のように定義されている：「ともなって変わる2つの量xとyがあって，xの値が2倍，3倍，……になると，yの値も2倍，3倍，……になるとき，yはxに比例するといいます」。なお，この定義では2倍，3倍，……とのみ書かれているが，活動の中では1.5倍や2.5倍，さらに$\frac{1}{2}$倍や$\frac{1}{3}$倍についても確かめている。

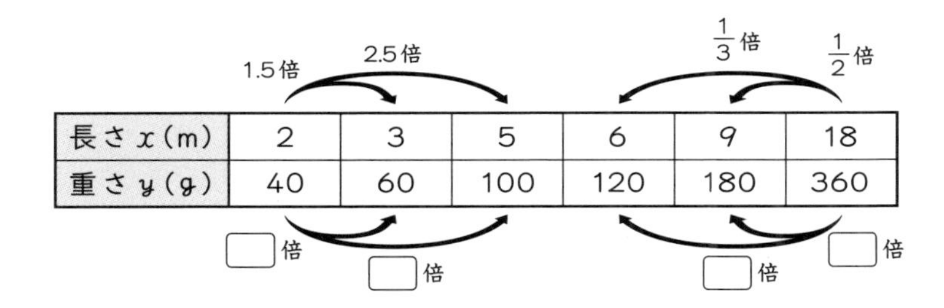

まずは，生徒たちは算数の学習において，中学校とは異なる定義により比例を学習してきているという点を考慮する必要があろう。また私たち教師も，2つの定義が実は同じものを指していることを自分なりに確認をし，その確信を持って授業に臨む必要もある。もちろん，その証明を授業の中で生徒たちに示さなくてもよいであろうが，もしも生徒が疑問に感じていそうな場合には，何らかの形で安心させることも，その後の比例の学習を進める上では大切かもしれない。

算数でも比例について，表やグラフ，そして式を学習してきている。表については，算数ではxの値ごとに縦線で区切られているが，数学では区切りの線がないといった違いがあること[6]，またグラフについては，算数では第一象限部分しか

6 この違いは単に見た目だけの違いではなく，区切りがないことで，xが連続量であることが重視されていると考えられる（玉置，2012，p.78）。玉置（2012）は，表の両側に「……」を書くことも大切なメッセージを含む，と注意を促している。

ないが，数学では4つの象限を含むといった違いがあることは，よく知られている。式については，算数では「y＝きまった数×x」と書くのに対して，数学では「$y=ax$」と文字を使い，しかも「×」記号を省略して書くという違いも，もちろんある。しかし，目には見えないが微妙な違いとして，式の立場の違いもある。数学では比例を「変数x，yの間に，$y=ax$の関係が成り立つとき，yはxに比例するという」と定義したので，この形の式は比例を定義する要である。これに対して，算数ではいつでも具体的場面を考えて，その中の2つの量の関係を考える。例えば，「水の深さ（cm）＝水1L当たりの深さ（cm）×水の量（L）」といった関係を考える。そして水1L当たりの深さはいつも同じなので，「y＝きまった数×x」と表せると学習してきている。つまり，あくまでも具体的な場面の中に見出される量について，気付いたことを表現する手段として，式が位置付けられている。中学校のように場面もない状態で「比例$y=2x$のグラフを考える」といった，量の関係を純粋に考察するという経験はしてきていない。

この違いは，第2節で見た図形のとらえ方の違いに似ている。算数では見た目できまる“かたち”があって，他の性質はその“かたち”に付随するものであるのに対し，数学では性質の中の中心的なものが定義に昇格し，その定義をもとにしていろいろと考えていく。比例の式も，算数では比例の関係にある2つの量を表現する方法の中の1つに過ぎないが，数学では式は比例を定義する特別な立場にある。そして，場面とは関係なしに，式をもとにさらにいろいろな数量関係を考えることによって，私たちの数量関係の世界を広げていくことができるという点も，図形のときと同じであろう。

この章で見てきたことは，どれも小さな違いかもしれない。また，中学校数学の文化の中にいる私たち数学教師の目から見れば，数学で学習するのと似たようなことを，算数の学習の中でも，操作や観察を通して初歩的に扱っているだけのように見えてしまうかもしれない。しかし，生徒たちは算数での経験をたくさん抱えながら数学の授業に臨んでおり，数学の学習においても，彼らはその影響を受けずにはいられない。似ている内容であれば，かえって算数の経験に基づいて解釈をしてしまうかもしれない。生徒と私たちのすれ違いをできるだけ減らすためには，生徒の目に映りそうな算数と数学のちょっとした違いに目を向けること，場合よっては生徒の方でも意識していない違いにも目を向けることが大切であろう。

第2章の引用・参考文献

濱野泰臣．(1996)．図形の概念形成におけるイメージの研究．上越数学教育研究，*11*，71-80.

疋田克彦．(2015a)．文字式利用の表現過程に焦点をあてた論証の授業改善に関する研究．上越数学教育研究，*30*，63-72.

疋田克彦．(2015b)．文字式利用の表現過程に焦点をあてた論証の授業についての研究：仮定と結論を文字式で表現する学習活動に焦点をおいて．上越教育大学大学院学校教育研究科修士論文(未公刊)．

菊地美紀．(1998)．図形の包摂関係の指導に関する一考察．第31回数学教育論文発表会論文集，99-104.

木村公男．(1994)．子どもの論理的関係網に関する研究．上越数学教育研究，*9*，63-72.

髙本誠二郎．(2008)．移動と作図から論証への移行に関する研究．上越数学教育研究，*23*，31-24.

国立教育政策研究所教育課程研究センター．(2006)．特定の課題に関する調査(算数・数学) 調査結果．(http://www.nier.go.jp/kaihatsu/tokutei/index.htm)

真部ひとみ．(2012)．学びの連続性を踏まえ，中学校へつなぐ算数指導：算数から数学へのつまずきに視点を置いた単元モデルの開発．香川県教育センター平成23年度研修員報告書．(http://www.kec.kagawaedu.jp/curriculum/houkoku/hiraku/h23/2011s_03.pdf)

布川和彦．(1994)．vanHiele理論に対する新たな意味づけ．教育方法学研究，*19*，37-46.

布川和彦．(2014，5月)．変わる数直線と文字の学習．新しい算数研究，*520*，38-39.

布川和彦，福沢俊之．(2001)．解決過程に見られる問いと問題場面の理解．上越数学教育研究，*16*，27-36.(http://www.juen.ac.jp/g_katei/nunokawa/kaita/question.pdf)

岡本光司，静岡大学教育学部附属静岡中学校数学科．(1998)．生徒が「数学する」数学の授業：わたしも「論文」を書いた．明治図書．

岡崎正和．(2000)．中学1年生の図形の経験的認識と，理論的認識へ高める作図の教授学的機能．上越数学教育学研究，*15*，29-38.(http://www.juen.ac.jp/math/journal/files/vol16/okazaki.pdf)

玉置　崇．(2012)．スペシャリスト直伝！中学校数学科授業成功の極意．明治図書．

梅川貢司．(2001)．証明の意義理解に関する調査からの一考察．上越数学教育研究，*16*，115-126.(http://www.juen.ac.jp/math/journal/files/vol16/umekawa.pdf)

一松信ほか．(2011)．みんなと学ぶ小学校算数6年上．学校図書．p. 31.

一松信ほか．(2015)．みんなと学ぶ小学校算数3年下．学校図書．p. 68.

一松信ほか．(2015)．みんなと学ぶ小学校算数5年．学校図書．p. 52.

一松信ほか．(2015)．みんなと学ぶ小学校算数6年．学校図書．p. 148.

一松信ほか．(2016)．中学校数学1．学校図書．p. 21，p. 26，p. 27，p. 79.

一松信ほか．(2016)．中学校数学3．学校図書．p. 60.

第3章 「パターンの探究」ととらえてみよう

前章の最後で比例の式について考えた際に，算数では具体的な場面の中に含まれる2つの量の関係を表現する方法の1つに過ぎないのに対し，数学では$y = ax$という形の式自体が比例を定義し規定するということにふれた。またこの違いは，前章の第2節で見た図形のとらえ方の違いにも似ていた。つまり，算数では見た目できまる“かたち”があって，定義に相当する性質であっても，その“かたち”が持っている性質の1つに過ぎないとしても考えられるのに対し，数学ではある中心的な性質が定義として図形を規定する。

これら2つのことは，「パターン」という視点から特徴付けることが可能である。この章では，「パターン」という視点から算数と数学との違いを改めて考えてみる。そしてそのあとで，前章までに見てきた中学校数学の学習を，その視点から検討してみることにしよう。その検討の中で，私たちが生徒の目をどこに向けたらよいのか，あるいは数学の活動を生徒にとってさらに意味のあるものにするためには，私たちはどのような点に注意をして教材分析をしたらよいのか，その1つの可能性が見えてくることであろう。

第1節 「パターンの科学」としての数学

(1) 数学の学習とパターン

まずは冒頭でふれた比例の式および図形についての算数と数学の違いを，「パターン」という視点からとらえ直してみよう。ここで「パターン」は日常的な意味で考えていただいてよいのだが，強いて言えば，「いくつかの要素とその間の関係のあり方」といった意味で用いている。模様のパターンや行動のパターンなどというときのパターンと同様である。

比例の式は，ある種の場面に見られる量の関わり方のパターン，あるいは量の変化のパターンに関わっている。算数では，水槽に水を入れると深さが上昇する場面や，同じ太さの針金の長さがいろいろ変わるときの重さを調べる場面など，変化する量を含む場面を探究する。そして，変化する量に関わり，長さが2倍になると重さも2倍になるとか，長さと重さはいつも同じ比になっているとか，あるいは長さを20倍すると重さになるなど，いろいろなパターンを見出していくこと，そしてそのパターンを言葉などにより表現することに重点をおいている。比例の式も，見出されたパターンを表したものである。グラフも，実験結果をプロットするように，場面のようすを表すものであり，直線になることは場面に見出されるパターンの1つである。

他方数学では，場面から見出されたパターンのうち特に重要なものを取り上げて比例として定義した上で，そのパターン自体を探究して，そのパターンの持つ特徴はどのようなものか，パターンの特徴から新たに言えることは何か，などを追究していくことになる。$y=ax$として表される2量の間のパターンを取り上げて，こうしたパターンを作るxとyはどのような変わり方をするのか，そのパターンをグラフにするとどのような形状になるのかなどを考えていく。また$y=ax$という式で規定したことで，aという定数が各比例の特徴を決定的に決めるものであることが明確となり，このaを操作したときに比例がどのように変わるのか，といった問題意識でこのパターンを追究することもできる。

図形の場合も，算数では身の回りのものや，積み木，折り紙といった具体的な“かたち”を調べて，その“かたち”について観察されるいろいろなパターンを見出すこと，それを辺や角といった要素を表す用語や，等しい，平行，直交といった要素間の関係を表す用語を用いて表現することに重点をおいている。二等辺三角形であれば，その“かたち”の紙を折ったり，その“かたち”にかかれた図を測ったりしながら，ある線にそって折ると辺がピッタリ重なるとか，2つの辺の長さが等しい，2つの角が等しい，折ったときの線が1つの辺に直交する等々のパターンを観察を通して見出していく。

他方数学では，見出されたパターンのうち特に重要なものにより図形を定義した上で，そのパターンの持つ特徴はどのようなものか，パターンの特徴から新たに言えることは何か，などを追究していくことになる。2つの辺が等しい三角形というパターンに着目し，このパターンがどのような特徴を持っているか，このパターンと他のパターンとはどのような関係にあるのかなどを調べていくことになる。

動物図鑑にはさまざまな動物についてその特徴や生態，他の動物との関係などが記されているが，中学校数学の学習は，大雑把にとらえるならば，算数の中で発見され表現されてきたパターンについて，今度はそれらのパターンを探究し，パターンの図鑑を作るような活動と言えるかもしれない。

実は，数学をパターンの科学として考えることが以前から提案されてきており（例えば，デブリン（1995）），そうした考え方を数学の授業にも生かしていこうとする取り組みもなされている（例えば，山本（2011））。ここで「パターンの科学」という言い方からは，2つの可能性が示唆される（布川，2013）。1つは，数学の学習内容に関わり，他の科学でするように観察をしてパターンを探す活動を大事にする，という意味合いである。例えば，奇数と奇数をたすといつも偶数になる，といったことのように，数の世界について観察し，化学変化のようなパターンを見出していくという活動を大事にすることである。図形についても，例えば動物を観察するように平行四辺形のようすを観察して，そこに向かい合う辺の長さが等しくなりそうだとか，向かい合う角の大きさも等しくなりそうだといったパターンを見出すことも，この活動と言えるだろう。

もう1つは，数学で調べるものが実はパターンだという意味合いである。生物学が生命現象の科学であり，言語学が言語の科学であるのと同じような意味で，数学をパターンの科学と考えるのである。この場合，そもそも数学の学習内容は，何らかのパターンを背景にしており，数学を学習することは，さまざまなパターンについての科学を展開することだということになる。奇数について調べることは，奇数というパターン，つまり$2n+1$と表せるパターンを考え，そのパターンの特性やふるまい方を調べることになる。平行四辺形は「2組の対辺が平行な四角形」という1つのパターンであり，そうしたパターンの特性やふるまい方を調べるのが，平行四辺形の学習ということになる。学習を進めていくと，生徒たちのパターンの図鑑の内容がどんどん豊かになっていく。

身の回りの現象の中に，何かパターンを見つけ，それが自分の持っているパターンの図鑑に載っているならば，図鑑にあるそのパターンに関わる知識をその現象に当てはめることができる。日常の事象に数学を活用するというのは，そうしたことであろう。あるいは，数学の問題を解いているときでも，何かパターンを見つけ，しかもそれが図鑑に載っているならば，やはりそこにある知識を適用し，その問題に関わり何か手がかりを得ることができる。

それだけに，あるパターンについての知識が，本当にそのパターンに固有のものなのかが，大切になってくる。つまり，そのパターンであることが確認されさえすれば，あとは何も知らなくても，確かにその知識が適用できると言ってよいかである。観察している場面において，2つの変数の間に$y=ax$というパターンが見られたら，比例についての知識を何でも適用して大丈夫なのか。観察している場面において，4つの辺からなる形で，しかもそのうちの向かい合う2つの辺どうしは平行になっているというパターンが見られたら，他の状況証拠がなくても，そこに平行四辺形の知識を適用して大丈夫なのか。

それを保証するには，適用する知識がパターンだけから説明されることがポイントになる。そして，それを説明することが，中学校で学習する証明だと言えよう。平行四辺形の向かい合う角の大きさが等しいという知識が，「2組の対辺が平行」というパターンだけから説明されうるのであれば，そのパターンについて，いつでもその知識を安心して適用できる。奇数と奇数をたすと偶数になるという知識を，奇数というパターン，つまり$2n+1$で表されるパターンだけから説明することができれば，このパターンに出会ったときは，いつでもこの知識を安心して適用できる。

上で述べたことは，私たちがふだん「一般的」という言い方で述べていることであるが，一般的なものは目にも見えず，扱いづらいところがあるが[1]，パターンを考えることで，言葉で表したり，少し感じやすくなったりするのではないだろうか。もしもそうだとすれば，生徒にも，一般的な場合を考えるとか，すべての場合を考えると言っていたものを，パターンを調べるとして説明することで，少し

1　第3節で参照する梅川（2002）の3年生に対する調査では，ある性質を示す場合に，すべての場合を示さなくてはならないと考えていた生徒は22.6%に留まっており，適当な1つの場合が成り立てば一般性が保証されると考えていたと思われる生徒が15.8%，特殊な場合で示されればよいと考えていたと思われる生徒は61.7%いたとされている。

は取っつきやすくできるかもしれない。「一般の平行四辺形」といってもどのようなものかわかりにくかったり，「どんな平行四辺形でも」といっても生徒がイメージできる範囲はそれほど多くないかもしれない。そこをパターンを科学するといって，生徒に感じをつかんでもらおうということである。

(2) 図形の証明

今のことを，図形の証明にしぼって，もう少し見ておこう。第2章で梅川(2001)の経験として，生徒が「見た目で判断して何でいけないの？」「当たり前のことをなぜ証明しなければいけないの？」と思ってしまい，証明がわからなくなるという話を取り上げた。似たような気持ちとして，「小学校で習ったのになぜ今さら証明しないといけないの？」「いろいろな図形で調べてみたら，全部で成り立ったから，成り立つと言えるでしょ」といったこともある。

これに対して，私たち教師としては，算数において紙で作ったかたちを切ったり，折ったり，あるいはその辺の長さや角の大きさを測って確かめたことは認めつつも，「でも，いくつかの場合で確かめただけでは不十分で，どんな場合でも成り立つのか示さないといけないよ」とか，「一般的に言えるか確かめないといけない，そのためには証明が必要だ」などと説得していくしかない。しかし前章でもふれたように，よく考えてみると，私たちがふだん行っているのは，むしろこうした算数的な推論の仕方に近いとも言える。イヌは「ワン」と鳴くかと問われれば，今まで見てきたイヌは「ワン」と鳴いていたし，テレビで見たことのあるイヌもみな「ワン」と鳴いていた，そもそもイヌは「ワン」と鳴くだろう，「ニャー」と鳴いたらそれはネコだもの，と考えるのが普通のように思われる。「世界中のどんな犬でも，過去や未来のどんな犬でも『ワン』と鳴くかを確かめなければ，『犬はワンと鳴く』とは言えないよね」と言われても，では何をしたらよいのかわからないであろう。

いずれにしろ，なかなか証明の必要性は生徒には伝わらないと，私たち数学の教師は感じている。例えば，五十嵐(2005)は，生徒の証明の意義を感じてもらいたいという意図を持ちながら，2年生に対して証明の指導を行ったのだが，二等辺三角形の底角が等しいという場面で，次のような生徒のやりとりが見られたと報告している。

AB＝ACの二等辺三角形で，ある生徒がBCの中点DとAを結んだ上で，3辺相等の合同条件を利用して△ABD≡△ACDを示すという証明を黒板で発表した。発表の際はこの生徒と他の生徒とのやりとりも行われ，その中で生徒から出された質問や記号の間違いの指摘に応じて，発表者の生徒が板書を直したりしながら証明が完成された。ひと通り説明がなされたところで教師が「これで納得？」と問うと，1人の生徒が「『二等辺三角形の底角は等しい』って，『二等辺三角形の性質より』なんじゃないんですか？」と発言している。しかも，この発言に対して，この証明を発表した生徒も賛同してしまった。

五十嵐（2005）によると，この発言をした生徒はけっして数学が苦手な生徒ではなさそうである。むしろ比較的数学が得意な生徒であり，以前の授業においては，多角形の外角の和が360°になることの証明を発表したとされている。こうした数学が比較的得意で，授業できちんと証明を発表できる生徒であっても，あるいはこの授業で二等辺三角形の底角が等しいことの証明をおおよそ正しく作ることのできた生徒であっても，上の底角が等しいことの証明に対して，「それでも『二等辺三角形の底角は等しい』って，二等辺三角形の性質としてすぐにわかることなんじゃないかな」と，どこかで考えているということであろう。基本的な証明を構成することができることと，証明がそもそも何をする営みなのかについて理解していることとは，必ずしも一致しないようである。

実は，先の生徒が発言し，そして証明を発表した生徒もそれに賛同してしまったときに，1人の生徒・幸太くんが自ら挙手をして，「なんで∠Bと∠Cが等しくなるんですか」と反論をしている。そしてさらに，「合同な三角形の変なやつ，使えばいいんじゃん」とつぶやいている。幸太くんは挙手をする前にも生徒に「『なんで∠Bと∠Cが等しくなるか』なんじゃない？」とも言っている。こうした発言やつぶやきを見ると，幸太くんは，底角がなぜ等しくなるのかを，図中の三角形が合同になることに基づきながら説明する必要があると感じているように見える。

五十嵐（2005）によると，実は幸太くんがこのように感じたのには，それ以前の活動が影響を与えている。五十嵐（2005）は生徒たちに証明の意義を感じてもらおうと，二等辺三角形の底角が等しいことの証明を取り上げる前に，意図的に1つの活動を採り入れている。それは次のような課題を考えることであった：「AB＝ADであり，BC＝DCであり，∠B＝∠Dでない四角形をかこう」。この課題に対して幸太くんは，いろいろな四角形をかいて調べているようであった。どうも上のような四角形がどうにかすれば「かけるんじゃないか？」と思っていたらしい。そして，いろいろ試したあとに「だめです！できません！」と言っている。

教師ができない理由について考えるよう促すと，「辺の長さを同じくすると，角がおんなじくなっちゃうから」「どうにかなっちゃうから」と言う。これらの発言から五十嵐（2005）は，幸太くんがAB＝AD，BC＝DCのときに，何らかの仕組みによって∠B＝∠Dになると考えたのではないかと推測している。確かに「なっちゃう」という表現に，生徒なりの必然性のとらえを感じる発言である。

その後，1人の生徒がAB＝AD，BC＝DCならば∠B＝∠Dになることの証明を示して，そこから∠B＝∠Dでない四角形はかけないと発表した際には，幸太くんは拍手をしながら「やるねー」と言うが，「で，どういうこと？」「かけてんじゃないの？」とも言っており，すぐにその証明により課題の結論を納得したわけではない。しかし，二等辺三角形の課題が提示されてからもしばらくは四角形についての証明をじっと眺め，それから今度は2辺が等しいが底角は等しくない三角形は「かけない」とつぶやき，自分から証明を書き始めている。

こうした前段階があった上で，幸太くんは「なんで∠Bと∠Cが等しくなるんですか」との反論をしていたのである。この前段階のようすを見ると，幸太くんは四角形ABCDについてのAB＝AD，BC＝DCというパターンを意識し，そしてこのパターンだと「なんで」∠B＝∠Dに「なっちゃう」のか，その仕組みを知りたいと思いながら，別の生徒により発表された証明を「じっと眺め」ていたように思われる。そして，元のパターンから∠B＝∠Dという新たなパターンが生まれる仕組みを教えてくれるものとして，発表された証明をとらえたのであろう。だからこそ，次の三角形の課題についても同様に，与えられたAB＝ACというパターンから「なんで∠Bと∠Cが等しくなるか？」の仕組みを考えることが大切と感じ，上のような反論ができたのである。

幸太くんの学習活動を見ると，「かたち」について本当にそう言えるのかを考えるという流れで証明を考えるよりも，あるパターンからなぜ別のパターンが生まれてくるのか，その仕組みを探るという流れで証明を考える方が，生まれてくる仕組みを与えるものとして証明の役割を感じやすいようである。五十嵐（2005）の実践では，「AB = AD，BC = DCであり，∠B = ∠Dでない四角形」をあえて考えさせることで，AB = AD，BC = DCというパターンに生徒の注意を向けることができている。

(3)「なぜ？」に応える証明

上の幸太くんは「このパターンだと『なんで』∠B = ∠Cに『なっちゃう』のか？」という問題意識を持っていた。私たちが一般的に言えるかという流れで証明を考えているときは，ともすると，「いつでも本当か？」という問題意識と証明を結び付けようとする。微妙な違いではあるが，実はこの両者を分けて考えること，そして特に前者の「なぜ？」の流れで証明を考えることを大切にすべきであることは，証明指導の研究の中ではかなり前から提唱されてきている。

例えば，この分野では世界的に有名なカナダの研究者ジラ・ハンナは，「本当？」に応える証明を「証明する証明」，「なぜ？」に応える証明を「説明する証明」と呼んで，次のように述べている：「証明する証明は，定理が真であることを示す。説明する証明も，同様であるが，この証明が提供する証拠は，その現象それ自身から生じる。［中略］ 説明的な証明は，同時に疑いをはらすものにもなっている。そのような証明が，教室で成功的に使用されるとき，生徒は『Knowledge that』つまり，何が真であるのかという知識だけでなく，『Knowledge why』つまり，なぜ真であるのかという理解を獲得する」（Hanna，1996，p. 167）。

例えば，前項でふれた生徒の発表に見られる右のような証明は，もちろん，「AB = AD，BC = DCならば∠B = ∠Dである」といつでも言えること，条件を満たすどんな四角形についても正しいことを保証している。しかし，上の引用に注意をして考えてみるならば，この証明は，「このパターンだと『なんで』∠B = ∠Dに『なっちゃう』のか？」という疑問に対しても応えるものとなっている。つまり，四角形ABCDでAB = AD，BC = DCとなっているパターンについては，△ABCと△ADCが合同に「なっちゃう」，だから∠B = ∠Dにも「なっちゃう」と，わかっているパターンから別のパターンが生まれる仕組みがきちんと説明されている。この証明を「じっと眺め」ていた幸太くんが今の仕組みに気付いたならば，きっと彼の抱えていた「なんで？」という疑問も解消したことであろう。

AとCを結ぶ。
△ABCと△ADCにおいて
仮定から　AB = AD
　　　　　BC = DC
共通な辺　AC = AC
以上より３組の辺が
それぞれ等しいから
　△ABC ≡ △ADC
合同な図形の対応する角は等しいから
　∠B = ∠D

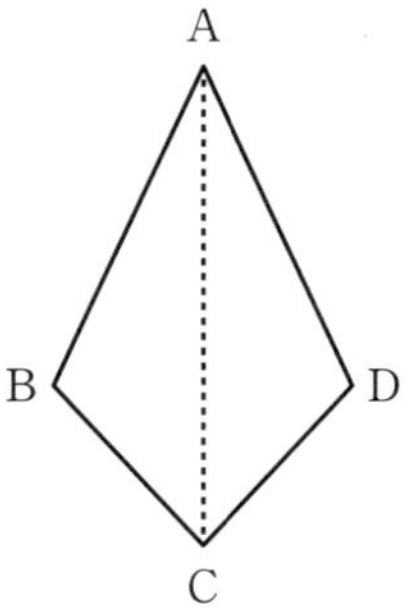

また，今の∠B = ∠Dについて，仮に「たこ形の性質なんだから，当然∠B = ∠Dなんじゃないかな？」と考える生徒がいたとすると，この生徒はこれまでの経験からたこ形の性質に∠B = ∠Dがあると考えているのであるから，この生徒に「どんなたこ形でも成り立つのかな？」と言っても，自分からはそれ以上考えてくれず，証明の意義を感じてもらいにくいかもしれない。しかし，「このパターンだと『なんで』∠B = ∠Dに『なっちゃう』のかな？」と「なぜ？」を問うたときに，「そういえば何でだろう？」「なんでなっちゃうんだろう？」と思ってくれれば，その先を少し知りたいと感じてくれる可能性が出てくる。

私たちが授業で取り上げること，あるいは教科書で書いてあることは，生徒からすると，成り立つから書いてあるのだろうと考えてしまうかもしれない。あるいは算数で学習した経験から，切ったり折ったり，あるいは測ったりといった操作によるものとはいえ，図形の性質としてすでに習ったものについては，性質なんだから言えるに決まっていると考えることも自然と言えよう。私たちが授業で証明という数学的な営みを扱う際には，こうした場合の方が多いかもしれない。それだけに，「本当？」と問うか「なぜ？」と問うかの違いは，注意をされてよいものである。そして，パターンの科学という視点も組み合わせるならば，「なぜ？」に応えるには，わかっているパターンから新たなパターンが生まれる仕組みに目を向けることになろう。

第2節　文字式を用いた説明とパターンの科学

第1章では，文字式の二重性の視点から，文字式のとらえ方が文字式による説明にも影響を与えることを述べた。しかし文字式による説明でも，生徒は一般性という意識が持ちにくいようすが垣間見える。第1章で国宗（1997）を参考にした山田（2003）の調査結果についてふれたが，その調査では文字式による説明の一般性に関わる問いも含まれていた。奇数と奇数をたすと偶数になることについて，3つの説明を提示し，それが説明として十分か，その理由は何かを問うたのである。その結果を見ると，4つの具体例から偶数とした説明については31％の生徒が十分と考えていた。十分でないとした生徒の中でも，単に文字を使っていないことを理由にした生徒が全体の30％おり，他の場合がわからないから不十分だとして一般性にふれた生徒は27％に留まっている。文字式による説明については82％の生徒が十分としたものの，文字を使っているから十分とした生徒が全体の49％おり，どんな数でも成り立つことを説明していると考えた生徒は全体の9％に過ぎない。つまり，文字式による説明についても，一般性という点から意義を感じている生徒は少ないようである。

そこで，前節で見たパターンとしてのとらえ方や「なぜ？」に応える説明という視点から，文字式を用いた説明についても考えてみることにしよう。

(1) 文字式は何を表しているのか？

平成25年度全国学力・学習状況調査数学Bの問題2（1）は，「2桁の自然数と，その数の十の位の数と一の位の数を入れかえた数の差が，9の倍数になる」ことの証明を完成させるものである。問題にすでに「$(10x+y)-(10y+x)=$」まで書かれているにも関わらず，正答率は38.4%であった。正答に至らなかった生徒の15.1%は，式を$9x-9y$とまで変形しながら，これを$9(x-y)$に変形することもできず，かといって9の倍数どうしの差がまた9の倍数になるといった説明も書けなかった。また，22.5%の生徒が無解答であった。

同様に，平成24年度の問題B2(1)で連続する3つの自然数の和が3の倍数になることの証明を完成させることについても，正答率が38.8%であり，正答に至らなかった生徒の11.3%は，式を$3n+3$とまで変形しながら，これを$3(n+1)$に変形することもできず，かといって3の倍数どうしの和がまた3の倍数になるといった説明も書けなかった。無解答も同じ22.5%となっている。

これらの結果を見ると，基本的な式変形はできるが，他方で，いまこの式の計算を行うことで何をしようとしているのか，そのイメージがよくつかめていない生徒が相当数いると推察される。その式の計算が何になるのかのイメージが持てないようであれば，文字式の計算に基づく証明に頼るよりも，いくつかの数について実際に計算をしてみることで，「確かに9の倍数になる」とか「3の倍数になる」と確認する方が，生徒たちには納得しやすいのかもしれない。そして，私たちが「いくつかの数で確かめただけでは一般的には言えないよね」といくら促しても，なかなか証明の必要性を感じてくれないのかもしれない。第1章で見た横田(1995)の調査における生徒のように，式の計算やその結果が何かを説明しているとは感じられず，ただ一連の計算とその結果にしか見えないとすれば，それも仕方ないであろう。

疋田(2015)は数学教師として同様の経験をしてきたとして，こうした状況の改善を目指して，2年生の文字式による説明の学習において，問題場面に現れるパターンを表現する[2]という側面に注意を向けた授業を行っている。つまり，説明にあたり，もともとわかっているパターンがどのようなものかや，示そうとしていることがらはどのようなパターンかを表現することに生徒の注意を向け，そ

2　疋田(2015)では「仕組み」という表現を用いているが，本書ではパターンから別のパターンが生まれる過程に「仕組み」という言い方を用いてきたこともあるので，本書の言い方に引きつけて「パターンを表現する」としておく。

れにより，文字式による説明を，もとのパターンから目的のパターンが生まれる仕組みを探る活動として，生徒に経験してもらうことができる。また，もとのパターンと目的のパターンを表現することで，目的意識を持った式変形を生徒に促すねらいもあるようである。少しおおげさに言えば，文字式による説明を，変形ロボットのイメージでとらえるのである。最初のロボットの形がどのようにして最後の自動車の形になるのか，その生まれる仕組みを調べてみようということである。

以下でその際のいくつかの活動のようすを見てみるが，表面的にはふつうに文字式による説明の授業で行っていることとそれほど変わらないかもしれないが，パターンを表現するということを強調することで，文字式による説明により「何をしようとしているのか」のイメージを生徒にもってもらいやすくする試みとも考えることができる。なお，以下ではクラス全体で考える場面を引用しているが，疋田(2015)では文字式による表現を生徒に主体的に考えてもらうために，小グループであることがらをどう表現したらよいのかについて話し合う機会も多く採り入れており，全体で考える場面はそうした話し合いを受けて行われている。

2桁の自然数とその数の十の位の数と一の位の数を入れかえた数の和や差を考える課題は，授業でもよく取り上げられるが，これらの数をどう文字式で表現するかは，課題を考える冒頭で確認程度に行われることが多いのではないだろうか。しかし平成22年度の全国学力・学習状況調査数学Bの問題2(4)の結果を見ると，十の位の数がx，一の位の数がyの2桁の自然数として$10x+y$を選択できた生徒は67.7%にとどまっており，xyや$x+y$，$10xy$を選択した生徒がそれぞれ10%前後ずついたことがわかる。こうした実情もふまえて，疋田(2015)は2桁の自然数とはどのようなパターンを持っているかをまず考えさせている。

25の持つパターンについてのこのときの生徒の記述をみると，ことばで表現する生徒の中にも，「10のかたまりが2個と1のかたまりが5個」と表現する生徒もいれば，「1が20個と1が5個で25です」と，10のまとまりがあいまいなとらえ方する生徒もいる。また，次ページ上右図のように，図によりそのパターンを表した生徒もある。さらに，「10が2個で10×2は20，1が5個で1×5は5」と数式を交えながらの説明や，「十の位の数は10が何個集まっているかを表していて，一の位の数は1が何個集まっているかを表している」と，2桁の自然数そのもののパターンを説明する生徒も見られる。

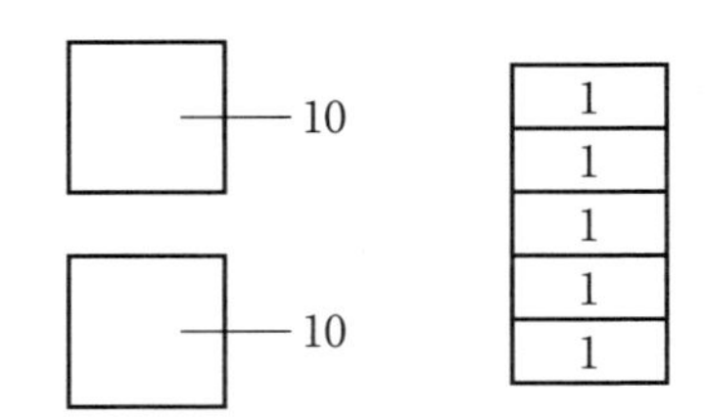

疋田（2015）はこうした生徒たちによるパターンの表現をもとに，まずは2桁の数25は$25 = 10 \times 2 + 1 \times 5$というパターンを持っていることを確認している。その際，上のパターンが実は小学校1年で学習したものであることに気付いた生徒に，そのことを発表させるとともに，下の左の図を提示している。

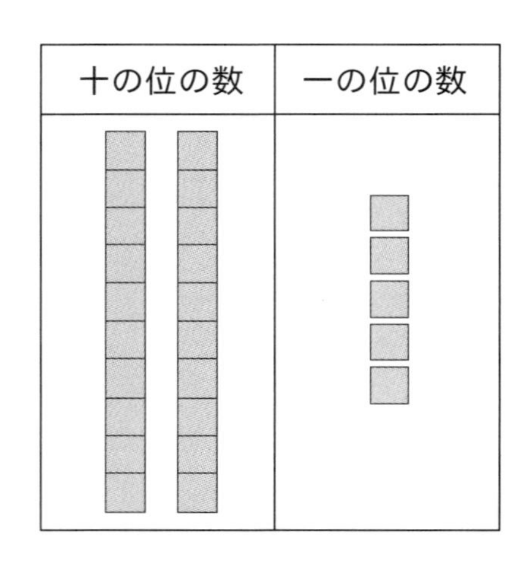

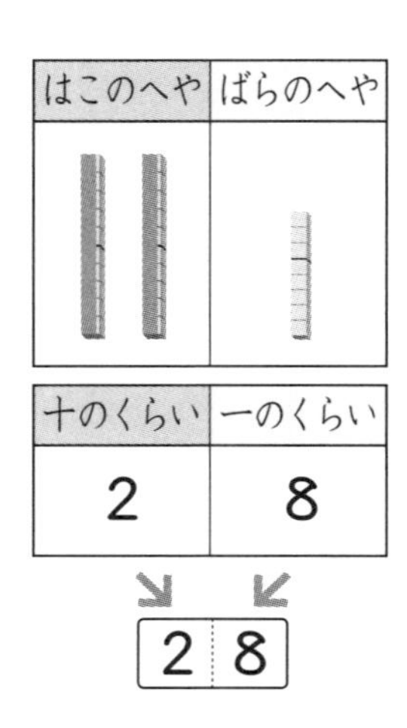

この図は，小1の教科書に載っている右の図と同様のものである。こうした図やそこに表現されたパターンは，小学校1年生で2桁の数を初めて学ぶ際に，生徒たちはすでに経験してきている。なので，こうした図を見たときに，生徒からは「(上のようなブロックの入った) 算数ボックス」とか「あ～」「懐かしい」といった声が聞かれ，図の提示に大きく反応したとのことである。そして，右のように数式に印をつけて，○を付けた十の位が「箱の数」を表しており，△を付けた一の位が「バ

25 ＝ 10 ×②＋ 1 ×△5

ラの数」を表していると，数式と図とを関連付けた。

その上で「十の位の数をx，一の位の数をyとすると，2桁の自然数はどのような文字式で表現できるか」と問うたところ，生徒から自然に「$10x+y$」という表現が出されている。

ある意味でていねいすぎる活動でもあるが，しかし，生徒たちが小学校1年からなじんできた2桁の自然数について，それが持っているパターンを自分なりに表現したり，算数の学習とも関連付けることで，数の持つパターンを見出すことを改めて経験できている。そしてその見出したパターンを文字式で表現することで，文字式で数を表現するというよりも，数の持つパターンあるいは構造を表現するのであり，文字式による説明ではそうしたパターンが問題になる，というメッセージも伝わったかもしれない。いわば，文字式による説明を，数が持つパターンを探究する営みととらえ，2桁の数の表し方を確認するだけでなく，今私たちが何をしようとしているのか，どこに着目したらよいのかまでも伝えようとする試みとも言える。

(2) パターンの生まれる過程としての式の計算

文字式による説明がパターンの探究だとすれば，もとのパターンから新たなパターンが生まれる過程や仕組みを考えることが大切になる。疋田（2015）は次に，連続する3つの整数の和の課題を取り上げ，ここでもパターンに注意を向けた展開をしている。

いくつかの例で予想を立て，3つの数の和が真ん中の数の3倍になりそうとなったところで，生徒にそうなることを説明するよう求めている。その後の発表では，数式を用いた説明と図を用いた説明が出されている。数式で説明した生徒は，右のように2つの数式を板書した。そして，「最大と最小の差が2であることから，51から1を49に移す」と説明している。

$$49+50+51=150$$
$$\downarrow$$
$$50+50+50=150$$

教師は「50＋50＋50＝50×3」と補足し，予想との関係を明確にした。この説明に対して複数の生徒が大きな反応を示して，納得したようすを見せたとしている。また別の生徒はこのアイデアが他の具体例でも生かせることに気付き，その考えを全体に発表している。

上の板書だけでは1つの具体例であるが，しかし発表した生徒は3数のうち「最大［の数］と最小［の数］の差が2である」という今の場面に現れるパターンを生かして説明をしている。そのパターンであれば，大きい方から小さい方に1を移すことで，3つの数を真ん中の数にそろえることができ，それにより3つの数の和を真ん中の数の3倍と考えることができる。「差が2」というパターンから「3倍」というパターンが生まれる仕組みが見えやすい説明なので，多くの生徒に納得してもらえただけでなく，他の具体例であっても同様にできることもすぐに理解されている。

つまり，板書した数式は1つの具体例であっても，パターンから別のパターンが生まれる仕組みを説明するために用いられている。具体的な例であっても一般的な説明を示唆しうるものは，証明指導の研究では，フランスの研究者ニコラ・バラシェフにならって「生成的な例（generic example）」と呼ばれてきた（バラシェフ，1997）。先の発表した生徒の事例も，生成的な例として働いていたと言えるだろう。

なお次時では，ある生徒がワークシートに書いていたという右図のような考えが紹介されているが，それも生成的な例となっており，連続する3つの数を真ん中の数を基準としてその前後の数からなるパターンとしてとらえ，しかも＋1と－1で打ち消して0になるという，さらにわかりやすい仕組みとしてとらえられている。

例）1 ＋ 2 ＋ 3 ＝ 6

1は真ん中の数から1をひいた数で，3は真ん中の数に1をたした数だから，＋－0になる。

一方，図を用いた生徒は右ページ上のような図をかいて，「ブロックを1つ移動させ平均する」という考えを説明した。

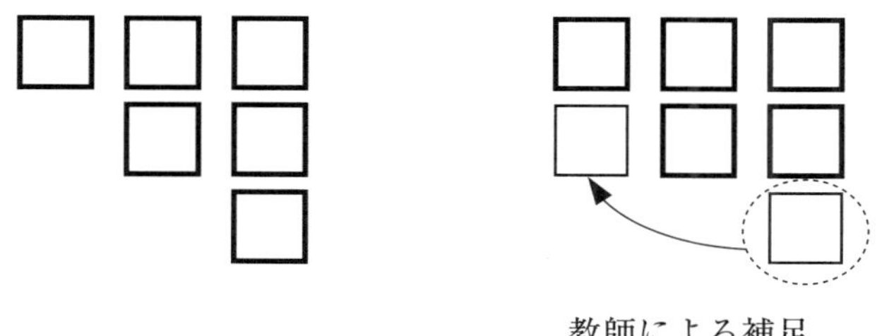

これについても複数の生徒がその考えに理解を示したとされる。図は1，2，3の場合であるが，下図のように階段の上にさらにブロックを追加することを考えれば，いくつの場合にも同様に「平均する」ことができるとわかる[3]。大切なのは，この生徒の図はいくつから始まる場合であれ，3つの整数が連続しているというパターンを適切に表現していること，そのため，3つの整数が連続しているというパターンが現れている場合には，いつでもそのパターンについて施した「平均する」という操作を同様に行うことができるということである。つまり，もとのパターンから真ん中の数の3倍という新たなパターンが生まれる仕組みや過程を，示しうるものとなっている。その意味で，やはり生成的な例であり，また，証明指導の研究で提唱されてきた操作的な証明（佐々と山本，2009）あるいはAction Proof（小松，2008）と言ってもよいであろう。

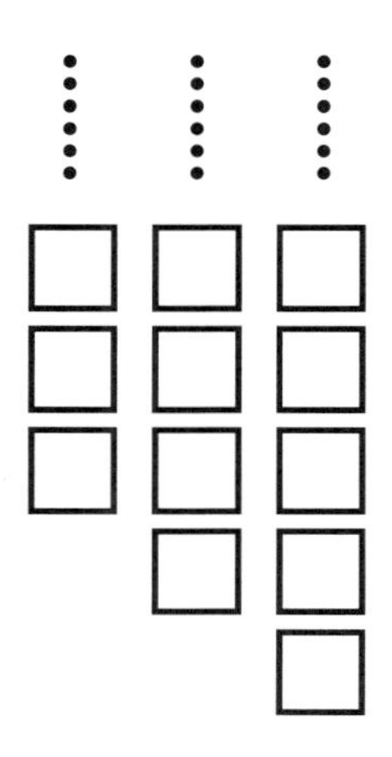

3　実際，疋田（2015）の実践でも，奇数と奇数をたすと偶数にすることの説明をする際に，図で説明した生徒の中でこうした「……」を利用した生徒のことが報告されている。

疋田（2015）では，このように，もとのパターンから目標とするパターンがどのように生まれるかをまずは説明してみることを各自が考え，その考えを共有する経験を採り入れている。その上で，3つの連続する整数というパターンを文字式で表現すること，また結論の真ん中の数の3倍というパターンを文字式で表現することを考えさせ，前者については$n-1$，n，$n+1$とa，$a+1$，$a+2$が発表され，後者についてはそれに対応して$3n$と$3(a+1)$が発表された。実は3つの連続する整数については，$a+b+c=y$という式を発表する生徒もあった。これについては，連続するというパターンが表現されていないとの意見が生徒から出されている。上のように数式や図でパターンを考えてきていても，そこで見出したパターンをすぐに文字式で表現できるとは限らないことを感じさせる事例である。

もとのパターンから新たなパターンが生まれる仕組みを文字式により説明することに関しては，$(n-1)+n+(n+1)=3n$となることは生徒たちもすぐに納得できた。また教師は$(n-1)$の「-1」と$(n+1)$の「$+1$」に斜線を引いて，数式で見られた$+1$と-1が打ち消し合うこと，図で見られたブロックを移動して均すことという仕組みが，文字式にも現れていることを説明している。つまり，文字式の計算の中にも，もとのパターンから3倍のパターンが生まれる仕組みが観察できることを，生徒に説明している。

他方で，$a+(a+1)+(a+2)$については，$3a+3$で止まっている生徒が多かったそうである。これには，第2章で紹介した生徒のように，等号や計算についてのとらえ方が影響して，$3a+3=3(a+1)$と3でくくることに抵抗があることも関係しているであろう。しかし，$3n$になる場合との違いで言えば，3倍のパターンが生まれる仕組みが見えにくいということもあり，そのことが生徒にとって受け入れにくいものにしているのであろう。$3a+3=3(a+1)$の式が「何をしているのか」は，確かにわかりにくいかもしれない。しかし，改めて考えてみると，$1+2=3$とし，それを3でくくる際に$3\div3=1$としているのであるから，これは，右図の点線の部分について平均をとっていることになる。

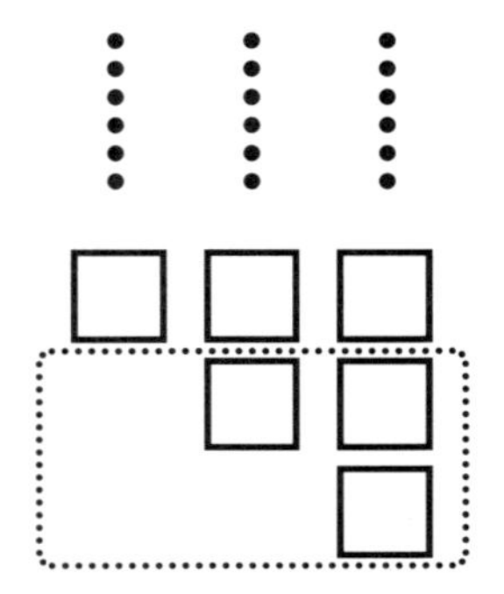

つまり，ある生徒が言っていた「平均する」という考えが，この式変形にも見られる。

文字式がこうした仕組みを見せてくれることに生徒の注意を向けることによって，式の計算はできても，それが「何をしようとしているのか」のイメージがつかめない生徒に，安心感を与えることができるかもしれない。もちろん，いつまでもこうした意味を考えながら式の変形をすることは，形式的に変形できて，しかもきちんと結果が得られるという文字式のよさを失わせることになる。それでも，最初のうちの安心感を与え，式の変形が無意味なものではないことを生徒に感じてもらうためには有用かもしれない。まずは文字式の計算が，何かを説明する手立てとして信用に値する存在であることを，生徒に感じてもらうということである。

(3) 数式の中のパターンを生かす

さて，ここで最初の「2桁の自然数と，その数の十の位の数と一の位の数を入れかえた数の差が，9の倍数になる」の説明に戻ってみよう。この説明においても，疋田(2015)の実践に見られるように，図を利用して，そこで扱われているパターンや，パターンからパターンが生まれることを見せていくことは考えられる。次ページに示すのはその図による提示の一例である。図の色の濃い四角形は負の数であることを示している。右下の段階で，1を表す正方形が9個からなる帯だけの話になり，あとはこの帯の相殺だけなので，いずれにしろなぜ9の倍数になるのかを説明はできる。

しかし，この例からもわかるように，どうしても $-9y$ を示す必要が出てくるため，負の数を図で表すための約束事が必要になる。また，算数では，位ごとにひき算をする（その際に必要なら十の位の帯を10個の正方形に直し，つまり繰り下げる）として考えていたが，この図の最初の部分では，ひき算をするときひく数の図で十の位と一の位をまず入れかえてからひくことになり，算数での筆算の経験に合わず，生徒にとってそれほど自然なものではなくなってしまう。

そこで，疋田(2015)の工夫のうち，数式をパターンの感じをつかんだり，パター

53-35が9の倍数になることの図示

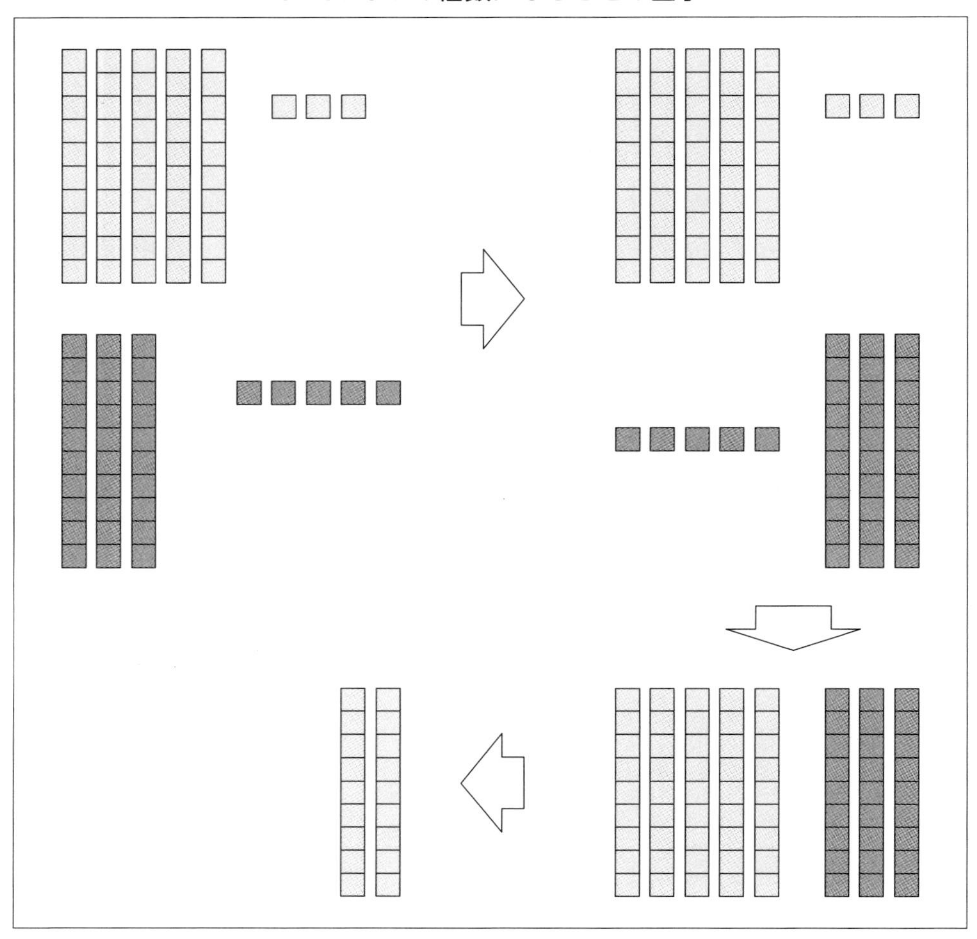

ンからパターンが生まれる仕組みの感じをつかむための手立てとして利用することを考えてみよう。例えば全国調査の問題でも例として示されている53のときを考えよう。もしも「本当？」という気持ちで数式の計算をするとすれば，そのままひき算をして，53－35＝18＝9×2となり，「確かに」9の倍数になると確かめることに注意が向けられる。

ここで，「なぜ？」という気持ちで計算したらどうなるだろうか？ わかっているパターンから9の倍数というパターンがなぜ生まれるのか，その仕組みを知りたいという気持ちで数式を扱ってみるということである。わかっているパターンは，問題文にある「もとの自然数と，十の位の数と一の位の数を入れかえた数の差」である。ここから「なぜ」9の倍数が生まれるのか，という問題意識で数式を観察することになる。わかっているパターンをはっきり表現するために，「十の位の数」と「一の位の数」を強調して書くならば，

$53-35=(10\times5+1\times3)-(10\times3+1\times5)$ となり，

そこから，

$$
\begin{aligned}
&(10\times5+1\times3)-(10\times3+1\times5)\\
&=10\times5+1\times3-10\times3-1\times5\\
&=10\times5-1\times5-10\times3+1\times3\\
&=9\times5-9\times3 \quad [\text{あるいは}(10-1)\times5-(10-1)\times3]
\end{aligned}
$$

これにより，最初のパターンから9の倍数が生まれてくる仕組みが観察できる。つまり，ある数をその10倍した数からひくので，その数の9倍の数となり，そこから9の倍数の話につながっていくことが見えてくる。式を変形するときに，今の主役である「十の位の数」と「一の位の数」とをできるだけ生かした書き方をすることがポイントだと言えよう。

さらに疋田（2015）が指導の手立てとして述べる，結論にあたるパターンについても，そのおよそのイメージを持ちながら考えるようにすると，数式をできるだけ「9×何か」の形に近付けることが目標となる。たまたま9が共通にあるからくくるというよりも，目指すパターンである「9×何か」に近付けたいという意図を持ち，その中で共通因子の9に目を向けるのである。その目標を意識しながら数式の計算を続けることで，$9\times5-9\times3=9\times(5-3)$ とすることになる。9×2 としてもよいのだが，仕組みを感じをつかむとすれば，ここでも主役の「十の位の数」と「一の位の数」ができるだけ残る形の方が，最初のパターンと最後のパターンがどのようにつながるのかが，観察しやすいことになる。

なお，その際には，$5-3$ という「－」を1つの数ととらえること，つまり第2章でふれた式の二重性の問題が現れる。ただ，この場合は $5-3=2$ として本当に1つの数にすることができるので，$x-y$ を1つの数ととらえることよりも，$5-3$ を1つの数ととらえることの方が容易であろうと思われる。

要するに，「十の位の数」と「一の位の数」である5と3を，文字式のxとyと同様に扱って数式の計算をすることで，一方では最初のパターンから9の倍数のパターンが生まれる仕組みについて，その感じをつかむことができるとともに，他方では，必要ならば数の計算として，パターンが生まれる仕組みの途中や一部について，具体的な数で確認をすることができる。このように数式を用いることは，具体的な例からパターンを見出す算数的な発想と，取り出したパターン自体を探究する数学的な発想とを橋渡しするものと考えられる。上の式の数5と3の部分を文字のxとyに変えることは，パターンを取り出し，純粋にパターンの探究を行うことへ進むことだと言えよう。

第3節 「なぜ?」に応える指導

算数教育で有名な坪田耕三先生の著書の中に「もっと自由に算数授業」というものがある（坪田，1994）。その副題は「？と！の場を作る」であるが，？は〈はてな〉，！は〈なるほど〉と読むようである。ここで？〈はてな〉を本章で考えてきた「なぜ？」に置き換えるならば，「なぜ？」に対しては「なるほど！」の場を作ることが必要と言える。つまり，証明において「なぜ？」を説明することを重視するとすれば，その「なぜ？」に応えるような「なるほど！」「だからか！」と生徒が思える場面を，私たち教師が演出することも大切になってくる。

授業についてこうした点を視野に入れると，私たちが教材分析をする際に，いくつかのことが問題なってくる。ここでは2つのことを見ておこう。1つは，生徒にとって「なるほど，だからか！」と感じやすい説明のあり方である。そしてもう1つは，今の時点では「なぜ？」に応える説明が取り上げにくい場合である。

(1)「なるほど」と感じやすい説明

生徒にとって「なるほど！」と感じやすい説明を考えるために，梅川（2002）の調査について見てみよう。自身が中学校で教えてきた経験の中で「証明がなぜ必要なのかわからない」という生徒の声を耳にしてきたこと，そして，生徒に証明の意義を感じてほしいとの思いから，この調査は計画されている。対象は中学校3年生133名であり，時期は6月である。

調査では，下に示すような，2つの正方形の重なった部分の面積についての問題を用いている。まずは，一方の正方形がかかれたプリントと，他方の正方形が印刷された透明シートを全員に配布し，実際に操作しながら答えの予想を立てさせるところから，調査を開始している。

問題： 右図のように2つの合同な正方形を重ねて，一方の正方形を他方の正方形の対角線の交点を中心にして一回転させせます。
2つの正方形がどのような重なり方をしたとき，重なる部分の面積が一番大きくなるでしょう。

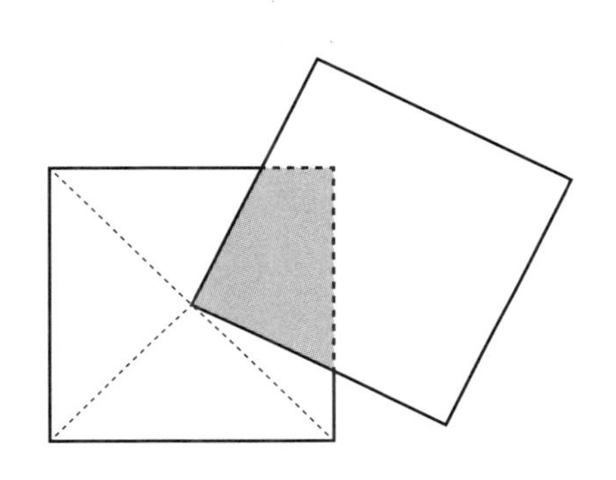

その後，各自が立てた予想を確かめる活動をはさんでいるが，そこでは確かめ方は特に指定せず，任意のグループで話し合うことも許している。これらの活動を通して「どのような重なり方をしても，その重なる部分の面積は同じになる」ことを確認したあと，これについての5つの説明を提示して，「一番よいと思う説明」を選択させている。5つの説明は次のようなものであった。

① 右図のような特殊な場合を調べて，それが元の正方形の面積の4分の1になるので，面積は同じになる。

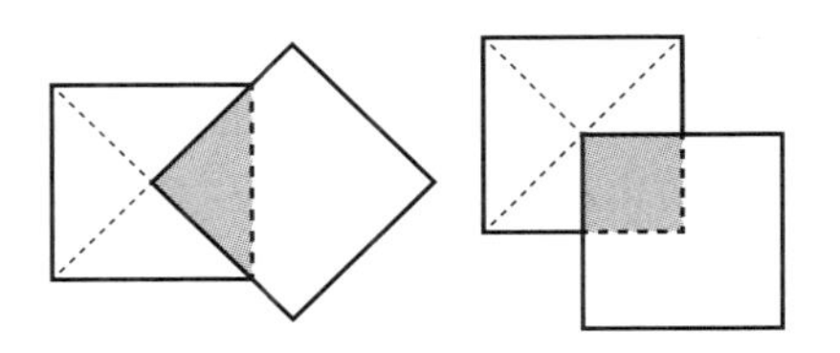

② 特殊ではないある場合に，線分の長さを測って面積を計算で求めると，それが正方形の面積の4分の1になるので，面積は同じになる。

③　右図のように回転する正方形の2辺を延長して切り分けると，4つの四角形がぴったり重なるので，面積は同じになる。

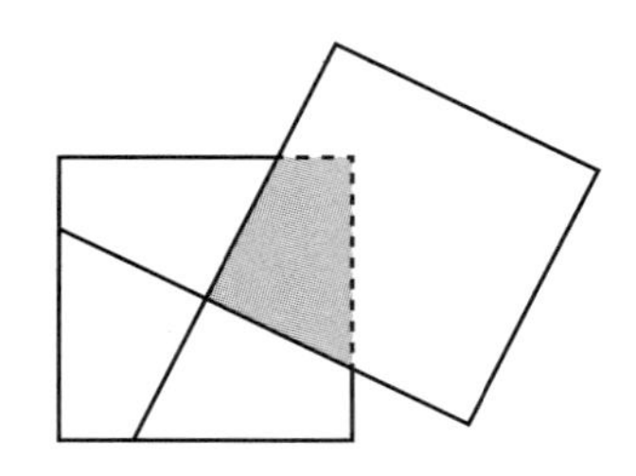

④　回転する正方形の2辺の動き方は同じだから，「減る部分」の三角形と「増える部分」の三角形はいつも合同となるので，面積は同じになる（右図）。

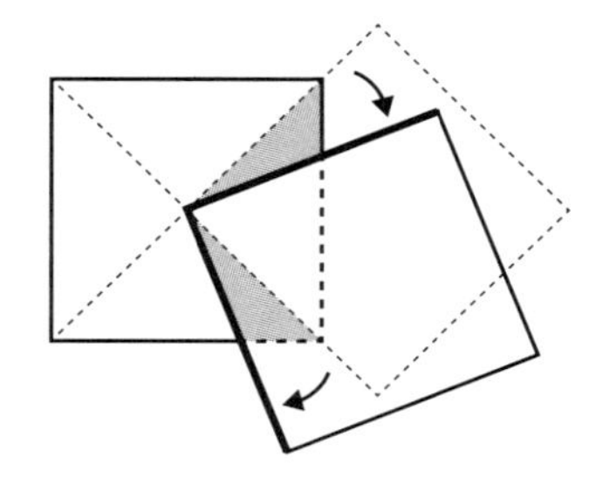

⑤　2つの三角形の合同を合同条件により示した，通常の証明。

ちなみ梅川（2002）は，④を第2節でふれたAction Proofによる説明と位置付けている。

では，生徒たちはどの説明を「一番よい」と感じたのであろうか。梅川（2002）の結果によると，最も多くの生徒が選んだのは④のAction Proofによる説明であった。これを選んだ生徒が41.4％もいたとしている。次に多いのが①の18.0％，③の15.8％であり，通常の証明を選んだ生徒は14.3％にとどまっている。②を選んだ生徒は10.5％であった。④の説明の仕方がかなり多くの生徒に「一番よい」として受け入れられたことがわかる。

梅川（2002）は説明を選んだ理由をはっきりさせるために，生徒のうち49名にインタビューを行っている。それによると，④を選んだ生徒は次のような理由をあげている。

「④と⑤がよかったけど，④の方がわかりやすいし，形として見える」

「見ただけで増える部分と減る部分がわかるのでわかりやすかった。他のは計算などがあってめんどくさいし，考え方が難しくてわかりにくかった」

「確かに4つの辺の動き方はみんな同じなので，減る部分と増える部分の三角形は同じで，これはどんなときにやっても同じという点で，他の説明よりいいと思います」

確かに「なぜ面積は同じになるのか？」という疑問を考えると，これに対する説明としては，④の説明のような「減った分が増えるから」という相殺の考え方が最もわかりやすい。2つの三角形が合同であることについての証明は，むしろ「なぜ減った分と増える分は同じになるのか？」への説明である。しかも④の説明でも，「なぜ減った分と増える分は同じになるのか？」に対して，「2辺の動き方は同じだから」という説明をとりあえず含んでいる。もちろんこの説明は感覚的で，数学の証明とは言えないが，他方で，正方形が（したがって2辺が直角を保ちながら）回転しているという今の場面に見られるパターンに基づく説明とも言える。その意味で，「今のわかっているパターンだと，なぜ同じ面積になってしまうのか？」に対して，わかりやすい説明と生徒が感じるのも無理ないことかもしれない。

こうした生徒の反応をもとに改めて考えてみると，今の「なぜ？」に直接応えるような説明の仕方が，生徒の「なるほど！」につながりやすそうである。数学の証明では，1行1行が正しいことは納得でき，またそれを1つ1つしっかりと積み重ねることで，議論が非常に論理的に進んでいることはわかっても，「なぜ？」にどう応えているのかがわからないと，結局は，どうしてそんなことが生じているのかについては，しっくりしないままに終わってしまう。頭では納得できたとしても「なるほど！」とはならない，という感じである。証明を平板なものとして扱うのではなく，「なぜ？」に応える部分にスポットライトを当てたような扱い方，あるいは証明の構造にも目を向けた扱い方が必要であろう。いわば，証明の中心的なアイデアを浮き彫りにする扱い方である。

ちなみに梅川（2005）は，上の正方形の問題を中1の4月に扱うという実践も試みているが，「なぜ？」を考え，Action Proofのような説明を許すことにすれば，この時期の生徒でも十分に考えられることを示している。また同じ生徒たちが中2になって連続する3つの整数の和について考えた際にも，文字式による説明だけではなく，第2節で検討した数式によりその仕組みを解明する説明の仕方も許したところ，やはり生徒は数式による説明をわかりやすいとして好んだことが報告されている。これらの生徒のようすから手応えを感じたのか，梅川（2005）は「中学校の数学授業では『なぜそうなるのか』を中心に据えた授業をデザインすることが重要である」と結論付けている。いわば，私たち教師が「なぜ？」に応えることに注意を払い，新たなパターンを生み出す中心的な部分をクローズアップするように扱うことが，生徒の「なるほど！」につながりやすいということであろう。

上の生徒たちのようすは，「なぜ？」に対する理由を説明することは，形式にこだわらなければ，生徒たちにも比較的取り組みやすいこと，入学当初の1年生からでも可能であることを示している。こうした生徒たちの力を大切にしながら，そこに証明の学習をつなげていく可能性を，これらの実践は私たちに教えてくれる。

(2)「なぜ？」に答えにくいことの自覚

数学ではパターンの探究を大切にするとすれば，わかっているパターンから別のパターンがどのように生まれるのかを話題にし，それにより「なぜ，そのようなパターンが生まれるのか？」を生徒たちといっしょに考えていきたいところではある。しかし，授業の中で使える知識に限界があったり，あるいは取り上げたときにかえって話がごちゃごちゃして，生徒にわかりづらくなってしまう可能性があったりして，結果的に，授業の中では「なぜ？」に正面から応えにくい場合もある。そうした場合には，生徒たちのようすを見ながら，無理に取り上げないという選択もすべきだろう。しかし同時に，そうした場合には，私たちがとりあえずいろいろ説明をしていても，実は「なぜ？」に直接は応えていないという自覚を持つことも大切である。今「なぜ？」に応える説明をしていないとすれば，「だからか！」という納得の仕方は期待できないので，例えば，もっと感覚的になんとなく「なりそう」と感じてもらうといった，別の受け入れ方を工夫しようというような計画を立てられるからである。

1つの例を考えてみよう。中学校の関数領域では，比例であればyが$y=ax$という式で表されること，1次関数であればyがxの1次式 $y=ax+b$と表されること，そして2乗に比例する関数であればyが$y=ax^2$と表されることにより定義される。しかし，関数の他の性質がこの定義をあたえる数量間のパターンから説明されることは，意外と少ない。グラフについてはそれぞれの関数によって直線や放物線といった特徴的な形になるが，通常は，関数の表を作って，その値をプロットした結果としてどのようなグラフになるかを観察し，そこに直線や放物線という見た目のパターンを見出していくことになる。つまり，定義に用いられる式のパターンからグラフのパターンを直接説明するという形にはなかなかしにくい。

$y = ax$ や $y = ax + b$ という数量間のパターンから，グラフが直線になることを説明することはできないことはないし，それほど難しいわけではないが，やろうとすると説明は少しごちゃごちゃしてしまうので，実際に授業で取り上げることは得策ではないであろう。

したがって，グラフが特徴的な形になることは，生徒たちに感じをつかんでもらうという形で納得してもらう必要があり，感じをつかめるように授業の展開を考えていくことが大切になる。x の間隔をある程度細かく設定してプロットしたときに直線が浮かび上がるようすを見せることは，この点で意味があるだろう。第2章でふれた作図ツールの中には，グラフをかくことができるものもある。点の間隔が小さくなるとグラフが直線のように「なっていく」ようす，あるいは点を動かしながらグラフが「できていく」ようすを見せるといった展開も，これからの授業では可能になってくる（布川，2015）[4]。

2年生で変化の割合を学習し，1次関数では変化の割合が一定になることを確かめる場面でも，関数の表を作り，x がある数だけ増加したときの y の増加量を調べることを通して，x の増加量をもとにしたときの y の増加量の割合が一定になることを確かめる。ここでも，1次関数という数量間の関係のパターンでは「なぜ」変化の割合が一定になるのかを説明するというよりも，いくつかのデータから一定になるという感じをつかむことになる。したがって，その感じがつかみやすいように，それなりの個数のデータについて考えてみること，あるいは x の増加量を1だけではなく，2や3などにしてみるとか，あるいは0.5や0.1などにしてみることも，考えてみてよいであろう。

実は，変化の割合については，生成的な例を利用した説明を教科書が行っていた時期がある。昭和44（1969）年に出された学習指導要領において，数学は当時の現代化の流れの影響を受けたとされるが，その頃のある教科書を見ると次のよう

---

4 例えば以下に作図ツールによるこうした提示の例を載せている。
http://www.juen.ac.jp/g_katei/nunokawa/DynamicMath2/Graph_of_Proportionality.html
http://tube.geogebra.org/student/mAWxJQxpX

な場面がある。2年で変化の割合を学ぶ際に，$y=2x+3$ で x が4から7に変わったときの変化の割合を考えているが，その際，次のような説明の仕方をしている：「x の増加量は $7-4$，y の増加量は $(2\times7+3)-(2\times4+3)=2\times(7-4)$ となり，y の増加量は x の増加量の2倍になっている」。この説明の横には表も提示されているが，その表の y の欄でも17と11と書く代わりに，やはり「$2\times7+3$」と「$2\times4+3$」として表している。その上で，「上の計算は，4や7でなくても同じだから，つねに」として変化の割合が2になることを結論するのである。また，別の教科書では，比例の変化の割合を考える活動をはさんでいるが，その中で次のような例題を取り上げている。その解を見てみると，やはり，x の増加量を数値として計算せずに，増加量を求める式のままで約分をしてしまっている。

例題3　x の1次関数 $f(x)=3x$ について，次の x の値の各区間で，x の値の変化に対する $f(x)$ の値の変化の割合を求めよ。

①　2.5～3.8　　　②　$\frac{1}{5}$～$\frac{3}{4}$

解　①　$f(2.5)=3\times2.5$

$f(3.8)=3\times3.8$

であるから変化の割合は

$$\frac{3\times3.8-3\times2.5}{3.8-2.5}$$

$$=\frac{3\times(3.8-2.5)}{3.8-2.5}$$

$=3$

②　$f\left(\frac{1}{5}\right)=3\times\frac{1}{5}$

$f\left(\frac{3}{4}\right)=3\times\frac{3}{4}$

であるから変化の割合は

$$\frac{3\times\frac{3}{4}-3\times\frac{1}{5}}{\frac{3}{4}-\frac{1}{5}}$$

$$=\frac{3\times\left(\frac{3}{4}-\frac{1}{5}\right)}{\frac{3}{4}-\frac{1}{5}}$$

$=3$

これらの説明は，第2節で見たように，数式を用いながらも，単に数値を計算するのではなく，その式を計算した結果が「なぜ」x の係数になるのかの仕組みにせまるものとなっている。$y=ax$ や $y=ax+b$ というパターンから出発して y の増加量を考えると，それが$a\times$（xの増加量）というパターンを持つことを見せてくれる。要するに，変化の割合についても，パターンの探究として「なぜ？」に応える形で説明をしていた時代があるということである。

いずれにしろ，結局は生徒にとってもっとも納得しやすい仕方を選択すべきであろうから，上のように式をベースに演繹的に考えるよりも，データをベースに帰納的に考える方が生徒にはピンときやすいと判断をすれば，そうした授業展開を考えることも大切である。ここで確認したかったのは，変化の割合については「なぜ？」に応える形の展開が中学校2年で行われていた時期があったということ，したがって現行の方法は扱い方の選択肢の1つに過ぎないこと，そして，どの扱い方を選択するにしろ，その特徴を自覚した上で，その扱い方にそって生徒の納得を得られやすくするように私たちの授業展開を考える必要があることである。

第3章の引用・参考文献

バラシェフ, N. (1997). 数学的証明の学習の改善：実践を改善するための理論的枠組み. 数学教育学論究, *67/68*, 52-62.

デブリン, K. (1995). 数学：パターンの科学. 日経サイエンス社.

Hanna, G. (1996). 学校教育における証明の役割(磯野正人訳). 上越数学教育研究, *11*, 155-168.

早川英勝. (2007). 数学のコミュニケーション活動における子どもの理解過程の特徴について：文字に関する理解の深まりを通して. 上越数学教育研究, *22*, 77-88. (http://www.juen.ac.jp/math/journal/files/vol22/hayakawa07.pdf)

疋田克彦. (2015). 文字式利用の表現過程に焦点をあてた論証の授業についての研究：仮定と結論を文字式で表現する学習活動に焦点をおいて. 上越教育大学大学院学校教育研究科修士論文(未公刊).

五十嵐真. (2005). 図形領域における証明の意義の理解過程について. 日本数学教育学会第38回数学教育論文発表会論文集, 535-540.

五十嵐真. (2006). 中学校図形領域における証明の意義の指導について. 上越数学教育研究, *21*, 31-40. (http://www.juen.ac.jp/math/journal/files/vol21/igarashi06.pdf)

小松孝太郎. (2008). 学校数学におけるaction proofの意義. 学校教育学研究紀要, *1*, 69-85. (http://hdl.handle.net/2241/105365)

布川和彦. (2013). 「数学：パターンの科学」の捉え方と学校数学の関係の検討. 上越教育大学研究紀要, *32*, 169-180. (http://repository.lib.juen.ac.jp/dspace/handle/10513/2115)

布川和彦. (2015). 関数の対象としての成立を視野に入れた教科書の試案. 上越数学教育研究, *30*, 1-12. (http://www.juen.ac.jp/math/journal/files/vol30/2015-nunokawa.pdf)

佐々祐之, 山本信也. (2009). 数学教育における操作的証明関する研究：おはじきと位取り表による操作的証明の事例から. 日本数学教育学会第42回数学教育論文発表会論文集, 553-558. (http://www.educ.kumamoto-u.ac.jp/~shinya/Personal Data Yamamoto/Yamamoto's paper/操作的証明(第42回日数教).pdf)

坪田耕三. (1994). もっと自由に算数授業：?〈はてな〉と!〈なるほど〉の場を作る. 光文書院.

梅川貢司. (2002). 数学教育における証明の意義指導に関する基礎的研究：Action Proofを選択肢に取り入れた証明の意義理解調査から. 上越数学教育研究, *17*, 67-78. (http://www.juen.ac.jp/math/journal/files/vol17/koji-u.pdf)

梅川貢司. (2005). 中学校数学における説明性の理解の様相に関する研究：同一集団の2年間(中1・中2)の調査を手がかりにして. 教育実践研究(上越教育大学学校教育総合研究センター), *15*, 3-48. (http://ci.nii.ac.jp/naid/110004581559)

山田英明. (2003). 数学科における問題解決学習：文字式を含む問題の解決過程と支援についての考察. 黒部市教育委員会平成15年度内地留学研修報告書.

山本信也. (2011). 数学教育の基礎としての数学観：数学=パターンの科学. 熊本大学教育学部紀要・人文科学, *60*, 221-235. (http://hdl.handle.net/2298/24552)

正田健次郎ほか. (1977). 新訂数学2. 啓林館. p. 66.

加藤国雄ほか. (1976). 中学校数学2. 学校図書. p. 75.

一松信ほか. (2015). みんなとまなぶしょうがっこうさんすう1ねん. 学校図書. p. 116.

第4章 「なぜ?」を促す，生徒にも自分にも

第3章では，証明などで「本当？」だけでなく「なぜ？」までも問い，わかっているパターンから別のパターンが生ずる仕組みに迫る，と考えることが大切であることを見てきた。数学の授業でおもしろそうなものは，生徒たちに意外な感じを持ってもらったり驚きを感じてもらったりするように工夫されていることが多い(布川，1999)。「あれ？」「なぜ？」も1つの意外な感じと考えると，生徒たちに「なぜ？」と感じてもらい，「なるほど！」を目指して説明したい，と思ってもらえるように，私たち教師が課題の提示などを工夫する必要があると言えよう。

そうした工夫を考えるときに参考になるものとして，1つには，実際に生徒たちが「なぜ？」と感じた場面を考察し，何がそういう感じを引き起こしたのかを探ることが有用であろう。また，もう1つ有用なことは，私たち自身が「なぜ？」を感じ，それについて自分なりに説明を考えて「なるほど！」と実感した経験をできるだけ積むことで，「なぜ？」がどのように生まれ，どのように解消していくのかの感覚を高めておくことである。

以下ではこれらのことを，もう少し具体的に考えてみることにしよう。

第1節 生徒の「なぜ？」

第2章で以下のような問題に取り組む中学生ペアのようすを考察した。

問題： △ABCがある。BAを1辺とする正三角形BADを△ABCの外側にかき，ACを1辺とする正三角形ACEを△ABCの外側にかき，BCを1辺とする正三角形BCFを△ABCの内側にかきなさい。このとき四角形ADFEはどのような四角形になりますか。

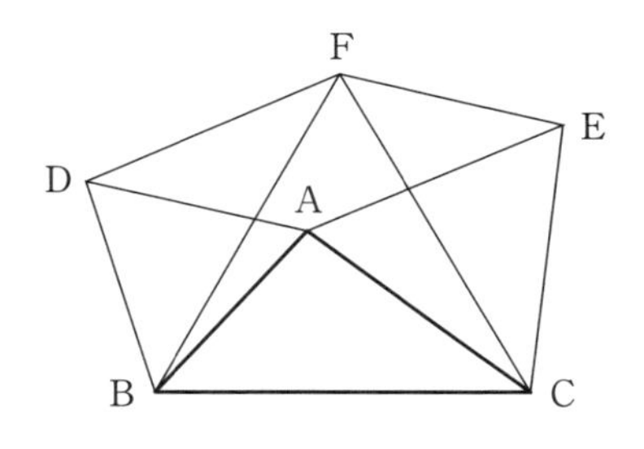

そこでは，山田くんと野川くんのペアが，「偶然こうなるわけじゃない」「何か隠されてる」と感じ，「なんで平行四辺形？」と問いながらも，結局は見た目やソフトの測定機能に基づいて，「え，だって対辺が等しいじゃん」として片付けてしまったことを見た。

実はこのペアは，もう少し先にいくと再び「なぜ？」を問い，そして今度は，場面を探究して△DBFと△EFCがもとの三角形ABCと合同になることを見出している。完全な証明を構成するところまではいかなかったが，彼らは「なぜ？」から出発して，第3章第3節で述べた証明の中心的なアイデアにはたどりついていたのである。

では，このときの「なぜ？」がどのように生まれたのかを考えてみよう。彼らが利用していたカブリ・ジオメトリーというソフトでは，作図のステップを自分で戻したり進めたりすることができた。つまり，上のような場面を作図するようすを，ビデオを繰り返し巻き戻したり再生したりするような感じで，何度も見直すことができた。彼らの「なぜ？」はその見直している最中に生じていた。彼らは2度目に最初から作図を再現するときに，まずは以下のようなやりとりをしている。

野川： もう1回見る？

山田： うん。[最初の△ABCを描く部分を見ている] え，この点 [点A，B，C] っていうのは，もうほとんどめちゃくちゃ……。

その後，作図が右図のような状態になったところで，次のようなやりとりがある。

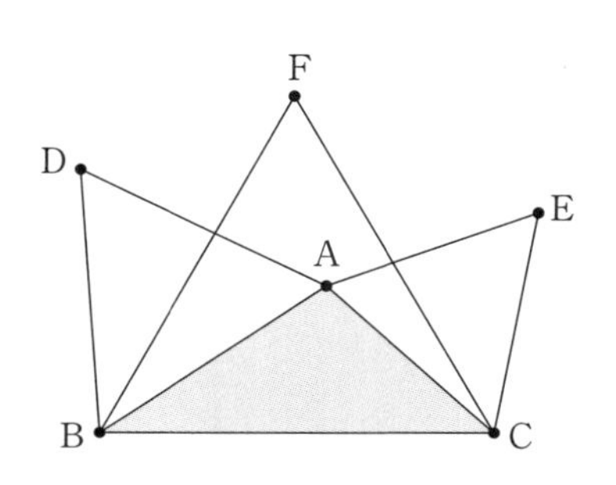

野川： これもさ，交点，この円弧。で線分FB引いて，線分FC，DF。

山田： なんでこの線 [DF] 引いたときに，もう対辺が平行なんだろうね？

野川： うーん。で，F，これで [EF] 完成なわけでしょ。うーん。うーん？

教師が山田くんに今言ったことをもう1度言ってほしいと頼むと，

山田：FとDをつなぐときに，もう，AとE，Aと，Eに平行だったから，なんでだろうかなあと……。

山田：つないだだけ，なのにAとE，に同じ長さで，平行，なんだろう。

その後，野川くんも前ページのような図になった時点で，次のように発言する。

野川：ここからだと線分で結ぶだけなんだよな。

さらに，作図のステップを1つ戻して右のような状態にしたところで，山田くんは，

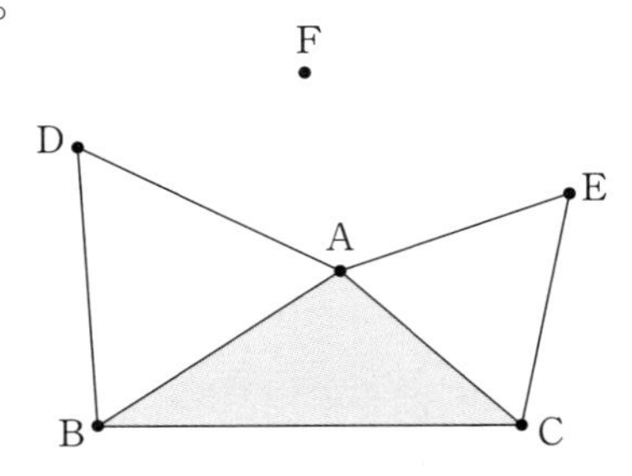

山田：このあたりから怪しいんだよな。

と言っている。

これらの生徒たちのことばを見ると，正三角形を3つかいただけなのに，その頂点を結んだだけで「なぜ」平行になったり，長さが同じになったりするのか，という問いが生まれていることがわかる。そして，この問いが生まれたあとでは，BDとABを指しながら「ここところは同じ長さっていうのはね，あれだから，わかるけどさ」と話したり，その時点でまだ長さが測定されていないFBについて「なに，ここはわかっている」と話すなど，正三角形という与えられた条件から，等しくなる長さに注意を向けるようになっている。つまり，最初のわかっているパターンと，四角形ADFEが平行四辺形になるという新たなパターンとが，すぐにはつながらないことを意識したことで「なぜ？」という問いが生まれ，それにより，改めてわかっているパターンにも目が向けられるようになったのである。

ただ，生徒たちが最初はこうしたギャップには気付かず，平行四辺形になることを見た目で当たり前と思っていたこと（第2章参照），そして作図を再現するようすを何度か観察するうちに，平行四辺形というパターンが生まれることが徐々に不思議に見えてきたことを考えると，こうしたギャップを感じ，「なぜ？」の問いを持つことは，生徒たちには必ずしも容易ではないことがわかる。場合によっ

ては，私たち教師が，生徒が「なぜ？」を感じやすくするための手助けをする必要があるかもしれない。例えば，問題の図を作図するステップを生徒に見せながらていねいに行って，「今のパターンではここまでしかわかってないのに，こんな新しいパターンが出てきちゃう，不思議だよねえ」という雰囲気を高めることは，生徒たちが「なぜ？」を感じやすくするための1つの手立てであろう。

そして，その不思議さの雰囲気を高めるためには，まずは私たち自身がその不思議さを感じる必要がある。岡本(2001)は「自分が教えようとすることについて，あらためて初心にかえり，また，あらたに多様な発想をぶつけて，『ほれ直し』をする」こと，「本人がその価値や意義を新鮮に再発見した状態で黒板の前に立つ」(p. 46)ことが大切だと指摘している。また，このことを次のようにも述べている：「教師が『題材と向かい合い』，教師自身が1人の『学習者』として，その題材のどこにおもしろさを感じるか，そのおもしろさの源は何かを問い，自分の知識の範囲の中に留まろうとせず，自らが問いを発し，追究していく作業である。そこから自分なりの題材観を形作り，自分なりの題材への切口や迫り方を見出していく作業である」(p. 41)。教える内容はともすると私たちには当たり前すぎる内容なだけに，そのおもしろさに気付きにくいこともある。しかしそこで「初心にかえり」，「学習者として」改めて向き合い，生徒たちの感じることのできるおもしろさがどこにあるのかを考え，その題材に「ほれ直し」をすることは，私たち教師に求められる技能なのかもしれない。

数学で起こる現象や新たなパターンの発生に関わってギャップを感じるというときには，逆に言えばある種の期待感があるとも言える。つまり，「たぶんこうなるんじゃないかな」という漠然とした期待があるので，それが裏切られたときにギャップを感じ，「なぜ？」という気持ちになるのである。そうした例を同じく福沢(2001)の例から見ておこう。

阿川さんと野田さんのペアが，次のような問題に，やはりカブリ・ジオメトリーを用いて取り組んでいるときのようすである。

問題： 四角形ABCDを作図し，辺ABの中点をP，辺BCの中点をQ，辺CDの中点をR，辺DAの中点をSとする。このとき，それぞれの中点を結んでできる四角形PQRSはどんな四角形になりますか。

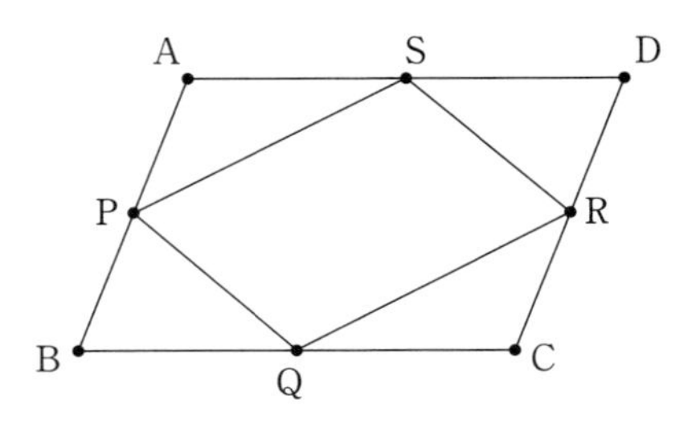

2人は上図のような四角形ABCDから活動を始めるが，その際にABCDを「普通の四角形」と呼んでいる。そして，四角形PQRSが平行四辺形になることを見た目で判断したあと，長さを測る機能を用いて4辺の長さを表示させるが，特に疑問は抱いていない。

その後，違う四角形ABCDを調べ始め，その中で「とびきりゆがんだのを」作るといって下左図のような四角形を作り，さらに，「質の悪い四角形」「四角形と呼べる代物か」と言うような四角形として，右側の四角形を作っている[1]。こうした活動の背景には，野田さんによる「腐った四角形」や「ゆがんだ四角形」では中にできる四角形は平行四辺形にならないのではないか，という期待があった。彼女たちはそれを確かめるために，四角形の形を変えていったのである。

例えば右側の図については阿川さんは「これで［平行四辺形］なったらすごいよね」と言いながら作っている。しかし中点を結んでいく中で平行四辺形のようになってくるのを見ると，「でも平行っぽい，例外がない，つまんない」と言う。結

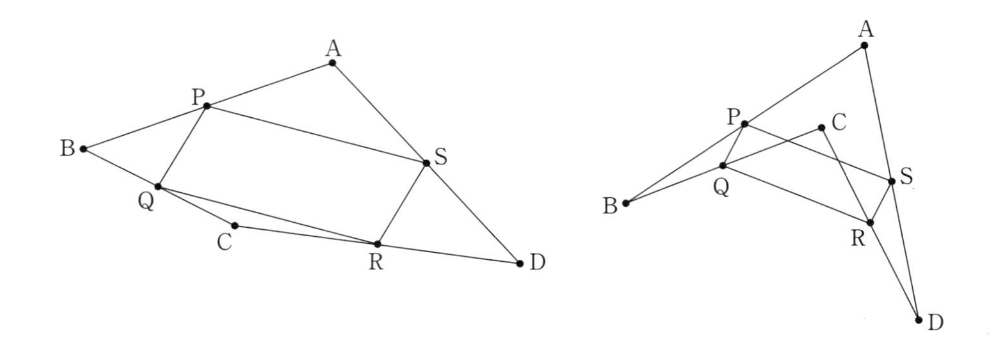

1　このペアは，まず最初に平行線を引く機能を用いて平行四辺形をかいた。そのせいか，それ以降で平行四辺形以外の図形をかく際には，改めて四角形をかいて中点をとって結ぶという操作を何度か繰り返した。

び終わると野田さんは「何作ってもなるね，それもただの平行四辺形」と言い，阿川さんは「なんでだろうね」と疑問を口にする。そして，ワークシートに「どんなにゆがんだ四角形でも（おしくも）平行四辺形になってしまう」と書いている。

その後も「変な図形」として作ったものでもなることがわかると，「なんで？ちょっとおかしいんじゃない？」と言っている。と同時に，「ここところ［△APSと△CQR］がさあ，合同な三角形で，とかできたらわかるんだけど」と，平行四辺形というパターンが生じる仕組みを考えようともしている。こうした活動を経て，「形もばらばらな四角形作ってるのに，中点でとると平行四辺形になっちゃう」として，もとのパターンと新たなパターンの間のギャップを表現している。

彼女たちの例では，最初に四角形ABCDを平行四辺形にしたこともあり，「普通の四角形」では中には平行四辺形ができるが，「ゆがんだ四角形」や「質の悪い四角形」ではさすがに平行四辺形はできないだろうという期待が自然に生まれている。そして，そうした四角形を調べていくうちに，持っていた期待が裏切られていき，「ちょっとおかしいんじゃない」かという気持ちになり，そこから「なんでだろう？」という問いが生まれてきている。

福沢（2001）の調査に現れる生徒たちのようすを見てみると，もとのパターンから生まれそうもない新たなパターンが生まれたり，新たなパターンが生まれそうもない場合にも実際はそれが生まれたり，といったギャップにより問いが生まれている。したがって，生徒たちがこうしたギャップを感じやすくするように，授業での課題の提示はもちろん，私たち教師の話し方，授業の雰囲気の作り方などを工夫する必要があると考えられる。

ここでの教師の役割はマジシャンに例えられるかもしれない。マジックも種を見てみると「なーんだ」というものも多いが，マジシャンは提示の仕方や話術によって，とても不思議な現象に見せてしまう。そして，その現象が見ている私たちにとって明らかに“不思議”なので，次には「どうやったのか」とそのヒミツを知りたくなってしまう。数学の現象も，もとのパターンから新たなパターンが生まれる仕組みがわかってしまえば，「なんだ，そういうことか」といった場合も多い。その種を明かす前に，私たちが提示の仕方や話術によって，生徒の目から見て少し不思議な現象となるように演出をすることが，生徒に「なぜ？」と感じてもらう1つの手立てと言えよう。

教科書でも例えば方程式の導入では，数字当てクイズや誕生日当てクイズを行い，それを方程式で解明することがしばしば採り入れられている。この場合も，生徒が思い浮かべた数や彼らの誕生日を当ててみせるときに，生徒が「えーなんでー？」と言ってくれるような雰囲気作りが大切であり，それを可能にできるかは私のたちの演技力にかかっている。

また，中学校の授業で取り上げられる題材としてはとめ返しがある[2]。四角形の各辺の中点をとり，隣り合う辺の中点を結んで4本の「軸」を作る。次に向かい合う辺の中点を結んで四角形を4つのピースに分ける。最後に，それぞれのピースを先に作っていた「軸」のまわりに回転して裏返すと，平行四辺形ができるというものである。

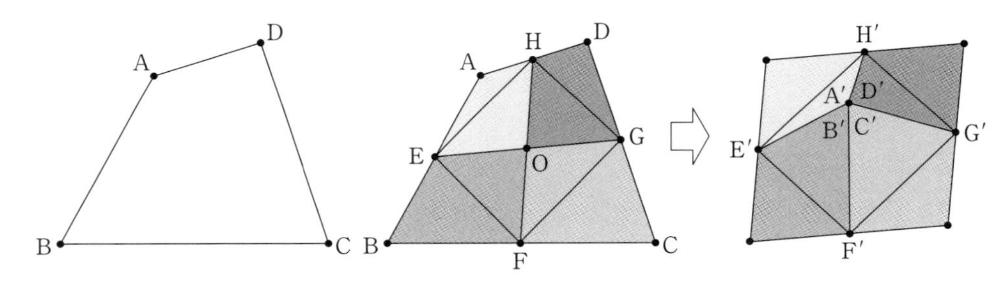

ここで「なぜ裏返しただけで平行四辺形ができるのか？」を考えるときには，図形の性質を使いながら説明を考えていくことで「なるほど！」を引き起こすことができる。

このとき「なぜ？」を生徒に感じてもらうためには，平行四辺形ができるようすをうまく生徒に見せる必要がある。厚紙で作ったはとめ返しを，子どもたちの前でパタン，パタン，パタン，パタンといっきにひっくり返して，あっと言う間に平行四辺形を作ってみせることが効果的なようである。特別でもない四角形が，一瞬にして平行四辺形に変わることでギャップが生まれる。ここでまごついたり，教師の側が考え込んでてしまうと，種があることがあからさまになり，下手

2　紙で作ってみるとわかりやすいが，作図ツールのソフトでも作ることができる。以下にあるので，試してみていただきたい。
http://www.juen.ac.jp/g_katei/nunokawa/DynamicMath2/Hatome1_2.html
http://www.juen.ac.jp/g_katei/nunokawa/DynamicMath2/Hatome2_2.html

なマジック同様，生徒は「なんでー？」とは感じにくくなるであろう。

こうした不思議さが感覚的にわかるものは，一気呵成に見せることでその効果が得やすいと言えよう。

一方で，生徒たちが抱きがちな誤った期待を高めることで，ギャップを大きくするという方法もある。例えば，第3章で取り上げた梅川（2002）の調査で用いられていた，一方の正方形が他方の正方形の中心のまわりに回転する問題では，「2つの正方形がどのような重なり方をしたとき，重なる部分の面積が一番大きくなるでしょう」という問い方をしていた。同じ場面を用いても，「重なる部分の面積がいつでももとの正方形の面積の4分の1になることを証明しなさい」と問い，生徒に証明を促すことも考えられる。どちらの方が「なぜ？」を感じやすいだろうか？

2つの問い方のどちらが「なぜ？」を引き起こしやすいかを調べた研究を寡聞にして知らないが，「4分の1になることを証明しなさい」と言われれば，生徒は「いつでも4分の1になるだろうな」と考えざるを得ないので，今の場面で起こっている現象について「なぜ？」とは感じにくいであろう。むしろ，そもそもそこで何らかの数学的な現象が起こっていることにすら，あまり目を向けないであろう。

これに対して，「重なる部分の面積が一番大きくなるでしょう」と問われれば，まず考えることは，「どこで一番大きくなるかな？」である。回転していて形が変わっていくので，面積が一定であることは明らかではなく，この問いが意味を持ってくる。そして，「どこだろう？」と思いながら探究を続けるうちに，徐々に「なんかどこの面積も同じになるような気がする」「いつも面積は同じなの？」という気持ちになり，それが「形が変わるのに，なぜ面積は変わらないんだろう？」という問いにつながる可能性がある。ここでは正方形の回転により重なりの部分の形が変わっているという現象，さらにはその重なりの形が変わるのに面積が同じに「なってしまう」という現象に目が向けられる。形がいろいろに変わるというパターンから，「にも関わらず」面積は不変というパターンが生じている。

もちろん，私たちが生徒の「どこだろう？」という最初の気持ちを引き起こせるかが，1つのポイントになる。その気持ちを高めておくことで，「どこかで一番大きくなるはず」という期待感が，やがて探究を通して徐々に裏切られていくことでギャップが生まれる。梅川（2002）が5つの説明を提示する前に，生徒に透明シートを配布して操作をさせたことは，徐々に生徒の気持ちが揺れ動きギャップになってくるために，必要な時間であったのだろう。

また，第3章第1節で紹介した五十嵐（2005）の実践において，「AB = ADであり，BC = DCであり，∠B = ∠Dでない四角形をかく」という活動を採り入れたことも，同様の趣旨を持っていたと考えられる。通常であれば，こうした問題は「四角形ABCDにおいてAB = AD，BC = DCのとき，∠B = ∠Dであることを証明しなさい」として課されることが多いのではないだろうか。この場合，生徒は∠B = ∠Dになるんだなと考えざるを得ず，ここで起こっている現象について「なぜ？」と感じることは難しい。

上のように「∠B = ∠Dでない四角形をかく」という活動にすることで，生徒たちはそうした四角形をかこうとし，その活動の中で徐々に「ひょっとしてこんな四角形はかけないんじゃないの？」という気持ちになり，そして，「なぜかけないの？」という問いが生まれていたのだと考えられる。その活動の中では，AB = AD，BC = DCとなる四角形という条件からはいろいろな形が作れるのに，どう作っても向かい合う角が同じに「なってしまう」という現象に目を向けることになる。つまり，AB = AD，BC = DCとなる四角形というパターンから，対角が等しいというパターンが生じていることに目が向き，「なぜ？」生じるのかとその仕組みを知ろうとすることを，教師は期待したのである。

実際に，ある生徒が「なぜそうした四角形がかけないのか？」と疑問を感じ，その結果，AB = AD，BC = DCというパターンから∠B = ∠Dというパターンが生じる仕組みを説明する証明に関心を寄せたことは，前章で述べた通りである。ここでも，最初の段階で「かけるかも」という期待感を生徒に持たせることができるかが，1つのポイントになる。

確率に関わる有名な教材の1つに，2つのサイコロを使ったものがある。2つのサイコロは，6面のうち例えば3面に星形，2面に黒丸，1面に正方形がかかれている。この2つのサイコロを振ったときに一番出やすい目の組み合わせを考えるものである。私はこの教材を2006年当時，静岡大学教育学部附属浜松中学校にいらした守屋謙一郎先生と近藤正雄先生に教えていただいたのだが，他書（例えば玉置（2012））でも紹介されているので，実際に使われた方も多いであろう。この面の作り方から，当初は「2つのサイコロとも星形という組み合わせが一番出やすいであろう」という期待を自然に抱く。しかし実際に2つのサイコロを振る実験を続けていくと，この当初抱いた期待どおりにならないことが徐々に明らかとなる。そして，期待感が裏切られることで「なぜそうなってしまうのか？」と感じ，その仕組みを解明することに生徒を誘うことになるのである。

そう考えてくると，期待を高め，その期待が生徒たちに共有されるために，サイコロの構成をよく見せて，彼らに予想を立てさせる部分が，この教材を利用する上で大切な場面であることがわかる。同時に，ギャップを生徒たちが感覚的にとらえやすくするために，多少手間がかかっても，サイコロを振る実験を行い，その結果を共有できるようにすることも，この教材を用いる際のポイントになることもおわかりになろう。実験をせずに「実はならないのだけれど，その理由を考えよう」などとして，「なぜ？」を生徒がきちんと感じる前に説明を考えることに移行したならば，この教材の魅力を生かすことはできないことになる。

すぐに「あれ？」と感じることができて「なぜ？」につながる場合もあれば，最初は「当然こうでしょ」と漠然と思っていたものが，調べていくと「どうも違うぞ」と感じ始め，そこから「なぜ？」につながる場合もある。大事なことは，私たちが初心にかえり，教材のもつ“不思議”を改めて見直した上で，今度は授業の中で生徒たちにその“不思議”を感じてもらえるような提示の仕方やその際の語り方を工夫していくことであろう。

第2節 私たちの「なぜ?」

教材の持つ“不思議”に気付いたり，「なぜ？」という気持ちやそれが解消されている感じに敏感になるには，私たち数学教師自身も，数学の現象に不思議を感じたり，あるいは「なぜ？」を感じたあとに，それを自分なりに解明して「なるほど！」となった経験を豊かに持っている必要がある。

とは言っても，数学教師にとっては教える内容は当たり前すぎて，なかなか「なぜ？」と思える場面には出会わない。かと言って，数学者が扱うような高度な数学を改めて勉強することは少し敷居が高い。ただ，日々の実践で扱っている素材であっても，「あらためて初心にかえり，また，あらたに多様な発想をぶつけ」ることで，その素材について「へえ～」と感じ，「『ほれ直し』をする」（岡本，2001）ことはできる。ここで「初心にかえる」というのは，単に中学生の視点に立ってということを指すだけでなく，その教材についての私たちの思い込みを捨てて，いろいろに思いを馳せたり，初めて出会ったように素直に発想してみるということを意味する。

最後に，こうした「初心にかえる」ための手立てを2つ考えてみたい。

(1) 生徒の声に真摯に向き合う

私たち数学教師は，中学校以降ずっと数学に接してきており，さらに教師になってからは数学を教えるという，いわば数学という文化の一翼を担ってきている。このことは逆に言えば，私たちには数学という文化，それに関わる価値観が染みついているということでもある。そのために，まだ数学を学び始めたばかりの生徒たちの素朴な気持ちが，ともすると理解しにくい場合も出てくる。海外から来られた人たちが，私たちが当たり前と思っている日本の文化に違和感を感じたり，逆に海外の人がまさかそんなところが気になっているとは，私たち日本人には思いもよらないことがあるのと似ている。第1章から第3章まで見てきたことも，そうした場合の一部である。

数学の文化にまだ染まっていない生徒が自然に考えることや，彼らが感じる疑問は，ある意味では，数学の外での常識と数学の文化とのギャップとも言える。それだけに，案外，数学の大事な部分にふれていることもある。あるいは，私たちのように「生徒に教える」「生徒がわかりやすいように」といった気遣いがないままに考えるので，私たちが教育的配慮からあまり意識してこなかった部分にふれることもある。その結果，「複雑になりそうだから避けていたけど，そういえばその場合はどうなるんだろう？」といった私たち自身の問いにつながり，それを考えていく中で「なるほど！」を経験できることもある。

上越教育大学附属中学校の杉本知之先生から，1次関数の授業を参観させていただいていたときに，以下のようなことがあった。その日の授業では，式，表，グラフのどれかがわかっているときに他の2つを求める，という活動をしていた。その問題を出す際に，杉本先生は式の係数の数値や，表やグラフのわかっているx，yの値を生徒から出させて，それを皆で考えていった。式がわかっているときに表とグラフをかくという場面で，ある生徒がxの係数として$\frac{3}{5}$を，定数として$\frac{5}{8}$を出し，クラスでは1次関数の式が$y = \frac{3}{5}x + \frac{5}{8}$であるときに，この関数のグラフをかくという課題に取り組むこととなった。グラフを正確にかこうとすれば，格子点を通るようにして線を結ぶのが得策である。そこで，このクラスでも格子点になるようなxとyの値を探し始めたが，これはなかなか見つからなかった。この授業を参観していて，自分でも格子点はどうなるのかをいっしょに考え始めていた。そして，考えていく中で，この格子点のことについては，文字式での学習を利用するとスッキリと考えられることに気付き，「なるほど！」を経験することができた。この経験から，この1次関数について格子点を考えることが，文字式についてのちょっとした応用問題に，しかも数学的に自然な流れで現れる応用問題になると感じた。

係数の値を出した生徒は特にそうした意識はなく，いつも自然数ばかりではおもしろくないので，少し違った問題にしてやろうと思って上のような式を出したものであろう。私たちであれば，むしろ格子点をとった上で傾きや切片の値を設定するであろうが，生徒はそうした配慮がないので，ある意味で「自然な」数値の設定となった。それだからこそ，格子点が簡単に見つからない場合が現れ，結果的に，格子点を見出すことが本当に課題となった。そして，答えが簡単に見つからないので，「格子点はいくつ？」という問いから「本当にあるの？」「ないんじゃないか？」といった問いまでも生まれた場面であった。

もちろんこの時間の主眼は1次関数の式からそのグラフをかくことにあったので，格子点を見出すことには深入りすることはできなかった。ただ，そうした問いを，私たち教師が「グラフがかきにくそうだから授業では扱えないな」と単に排除するだけでなく，自分自身では「この場合は実際はどうなるのだろう」と考えることで，「なぜ？」を経験するチャンスとなる。実際，授業を参観しながら自分自身「格子点はないんだろうか？」「ないとすれば，なぜないのだろうか？」と考えることができた。授業で取り上げる，取り上げないは別にして，生徒の提案を私たちが自分なりに納得できるまで考えてみることで，「なぜ？」「なるほど！」を経験できる。

第2章第1節の計算のイメージのところで，次のような生徒の疑問を取り上げた：「私は$\sqrt{2}\times\sqrt{3}=\sqrt{6}$になること自体がおかしいと思っている。終わりのない数と終わりのない数を『かける』ことができるのだろうか？」(岡本ほか，1998，p. 170)。これも，$(\sqrt{2}\times\sqrt{3})^2=6$になるから$\sqrt{2}\times\sqrt{3}=\sqrt{6}$にきまっていると言えばそれまでである。しかし，$\sqrt{2}$や$\sqrt{3}$の近似値について学習をするだけでなく，無理数が循環しない無限小数になることも学習している。となると，$\sqrt{2}\times\sqrt{3}$は循環しない無限小数どうしのかけ算ということになるので，上のような生徒の疑問は，むしろ学習した内容どうしを関連付ける，とてもセンスのよい疑問とも言える。

「終わりのない数と終わりのない数を『かける』ことができる」ことは，どのように保証されるのか，あるいはどのような意味で保証されるのか。こうした根本的な問いを考えると，あるいは大学レベルの数学が必要となり，中学生にそのまま説明することはできないかもしれない。しかし，その問いを私たちが一度受け止めて考えてみることで，生徒の疑問の数学的センスのよさを感じたり，その疑問が実は数学の大事な部分にふれていることを感じることができる。さらには，生徒たちが無理数の学習でしっくりこないと感じる方がむしろ自然であるといったように，数学の外の常識の目からも数学の学習を見ることができるようになる。

1年の学習でおうぎ形の面積を学習する際に，右ページ上図のような図形の変形を通して，面積Sが半径rと弧の長さℓを用いて$S=\frac{1}{2}\ell r$と表せることをあわせて学習する場合もある。

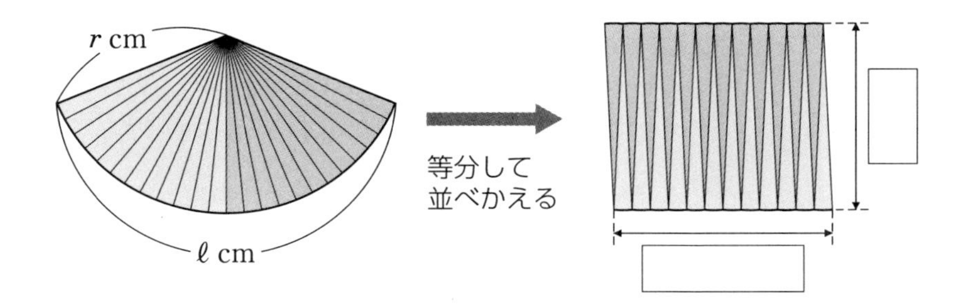

ここに見られる変形は，小学校6年で円の面積を学習するときにも用いられている。この変形に対して，いくら細かくしても円周の部分は曲がっているので，右の長方形の横の部分は本当は直線にはならないのではないか，したがって，本当に右の長方形の（縦）×（横）で面積は求められないのではないだろうか，と考える子もいる。この疑問にはどのように答えることができるだろうか。小学生や中学生に説明できるかはともかく，私たち自身は，「なぜ上の長方形の（縦）×（横）で面積が求まると考えてよいのか？」という疑問に対し，どう説明されれば「なるほど！」と感じることができるだろうか。

生徒たちが直接疑問として出したものではなくても，調査などで生徒たちの反応がいまひとつ芳しくない内容の中にも，「なぜ？」を考えるヒントが見つかることがある。例えば，平成24年度の全国学力・学習状況調査数学Bの問題1(2)を考えてみよう。国際宇宙ステーションと気象衛星の軌道の差を，地球の半径をrとして計算するものである。最後の結果は70800πとなるが，これら一連の文字式の計算を通して，軌道の差が地球の半径に依らないと言えることが理解できているかを，調べる問題となっている。正答率は11.8%であり，地球の半径に依って決まるとする選択肢を選んだ生徒が53.9%もいた。

この正答率を見ると，結果がrを含まないことを場面に即して解釈することが苦手な生徒が多く，文字式による説明の理解が十分でないことがうかがえる。教科書でも，地球の赤道の長さと，赤道の地表から1mのところに張ったひもの長さの差を考えるなど，類似の課題が扱われることがある。上の正答率を見ると，私たちがこの課題を取り上げているときに，「なるほど！」と感じていない生徒もかなりいるのではないかと危惧される。

ここで生徒たちの文字式への理解をもっと深めなければと考えることももちろん大切なのであるが，初心にかえり，学習者として今の課題を考えてみると，少し違った見え方がしてくる。上の赤道の問題で，地球の半径をrとして，赤道の長さと1m上に張ったひもの長さの差を計算をすると，当然，次のようになる：$2\pi(r+1)-2\pi r=2\pi r+2\pi-2\pi r=2\pi$。これより差は$2\pi$となる。また上の調査問題と同様に考えれば，途中で$r$が消えるので，この結果は地球の半径に依らないこともわかるし，1m上にひもを張る代わりに2m上に張れば，差は$2\pi\times2=4\pi$になるであろうことも推測できる。

しかし，この課題でもっとも「なぜ？」と感じる部分はどこであろうか？
おそらく，赤道という半径が約6400kmもある巨大な円に対して，それよりもさらに1mずつ外側を通る円を作るのであるから，1mずつの違いであっても巨大な円を1周する間には相当な違いが生じ，赤道との差は何kmにもなるのではないか，と漠然とながら期待するのではないか。そして，実際の結果が6mちょっととと出たときに，先の期待感とのギャップが生じ，そこから「なぜ？」という気持ちが生まれるであろう。つまり，巨大な円をさらに膨らませているのに，「なぜ6m位しか差が生じないのか？」という疑問がこの課題で予想される「なぜ？」だと思われる。私たち教師もそうした「なぜ？」を生徒が感じることを期待し，課題に興味を持ってもらいたいと思っているのではないだろうか。

では，上の文字式の計算はこの「なぜ？」に答えているだろうか？この点を考えるために，これも教科書でしばしば取り上げられる次の課題を考えてみよう。

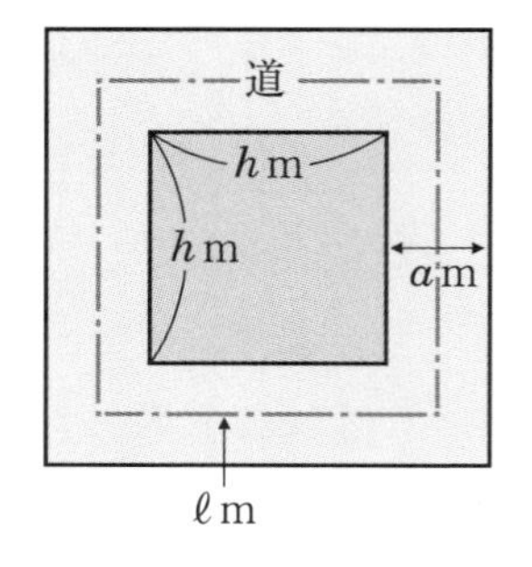

右のような図形の面積が線全体の長さをℓとしたときに，$a\ell$で表されることを証明する課題である。

面積Sが$a\ell$になることは，外側の正方形の面積から内側の正方形の面積をひいて，次のようにすぐ示すことができる。

面積Sは　$S=(h+2a)^2-h^2=4ah+4a^2=a(4h+4a)$

線の長さは　$\ell=4h+8\times\left(\dfrac{a}{2}\right)=4h+4a$

これより　$a\ell = a(4h+4a)$

以上より　$S = a\ell$

他方で，この図を下のように変形し，平行四辺形の面積の公式を利用することで，$S = a\ell$ を示すこともできる。

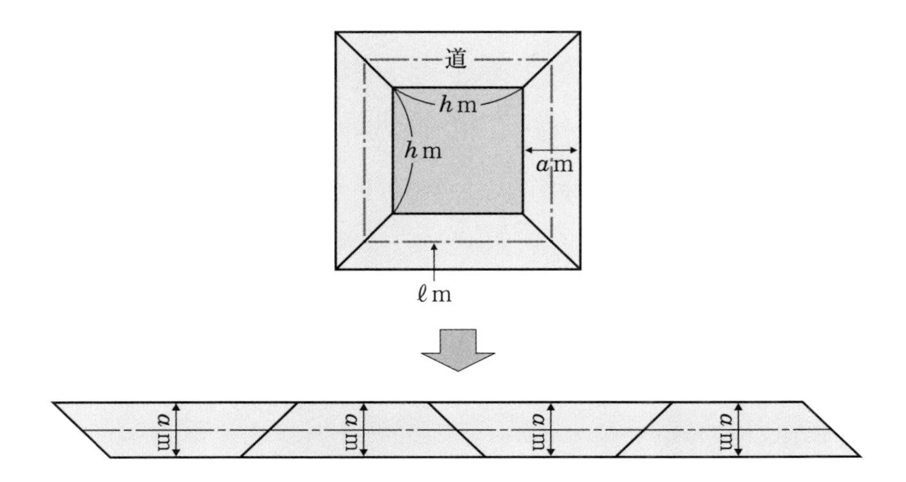

2つの示し方を比べてみるとわかるように，文字式による証明では $S = a\ell$ となることはわかるが，「なぜそうなるのか？」の仕組みはわからない。あえて言えば，計算した結果がそうだからそうなるということになる。一方，図の変形による説明では，中央の線の長さ ℓ が平行四辺形の底辺にあたり，道幅 a が平行四辺形の高さに当たるので，その面積は $a\ell$ となることが見て取れる。つまり，「なぜ？」に対する仕組みを示すものとなっている。

こうした違いを念頭に置いて，もう一度，赤道の長さと1m上に張ったひもの長さの違いについての課題を考えてみる。すると，私たちが通常示す文字式による説明は，上の文字式による証明と同様，差が 2π になることは保証してくれても，なぜ赤道という巨大な円の周りを考えているのに，そんな少ししか違いが生じないのか，その仕組みについては，教えてくれないように感じられてくる。つまり，生徒たちに感じてほしい「なぜ？」に応えるような説明にはなっていないのである。

第3章で見てきたように,「なぜ？」に対して「なるほど！」と決着をつけるためには,「なぜ？」に対する仕組みが明らかにされ，どうしてそうなるのかが理解できる方がよい。では，その「なぜ？」に応え，巨大な円を考えているのに少しの違いにしかならないことは，どのように説明できるだろうか。これを改めて考えて行くと，私たち教師が「なぜ？」と「なるほど！」を経験するチャンスが得られる。また，そうした経験を通して，通常の文字式による説明と，新たに考えた異なる説明とを比較してみることで，文字式による説明の利点も，またその説明では学習者にはしっくりこないであろう点も，浮き彫りにすることができる。

教科書によくある課題であっても，生徒の声に真摯に耳を傾けることで，思いがけず，私たちの数学的活動の機会ともなりうるということである。

(2) 教材の少し先を考える

前節で提示の仕方に関わって取り上げたはとめ返しでは，うまい切り方をすることで，普通の四角形を簡単な操作で平行四辺形に変えることができた。こうした授業で用いる課題について，とりあえず別の可能性を考えてみることも，私たち自身が「なぜ？」や「なるほど！」を体験するためのきっかけとなりうる。はとめ返しの場合についてまず考えられる別の可能性は，変形をしたときに平行四辺形以外の形にできるのか，ということであろう。例えば，平行四辺形よりもさらに特殊な，長方形やひし形になることはあるのだろうか？ あるいは，いつでも長方形やひし形になるように，もとの四角形の切り方を修正することは可能であろうか。

こうした教材の少し先を考えたときに，証明の新たな役割も実感することができる。長方形やひし形になる場合を探したり，あるいは長方形やひし形になる切り方を考える際に，試行錯誤的に探っていったら，なかなか埒が明かないであろう。そこで，もともとのはとめ返しについて，四角形がいつでも平行四辺形になることを示したときの証明を振り返ってみるのである。なぜそのはとめ返しによりきちんと四角形ができるのか。さらに，そのできた四角形がなぜいつも平行四辺形になってしまうのか。平行四辺形を生み出していた仕組みに目を向け，その部分を例えば長方形を生み出すように変えることができれば，長方形になるはとめ返しを作ることができるはずである。

今の例からわかるように，こうした経験を通して，私たちは証明の新しい役割に気付くこともできる。つまり，「いつも成り立つことを示す」「なぜそうしたことが成り立つのかを示す」ことに加えて，「別の場合ではどうなるかの方向性を示す」という役割があることがわかる。証明をしてそれで終わりにするだけでなく，証明自体を考察し，証明の一部を変えるにはと考えることで，別の場合にどうなりそうかの見当をつけることができるのである。これにより，「なぜ？」→「なるほど！」の流れは，さらに「なぜ？」→「なるほど！」→「それなら……」へと拡張される。

はとめ返しについての“別の”可能性としては，もとの四角形の範囲をさらに広げるということもある。はとめ返しでは「どんな」四角形をもとにしてよい，とは言うものの，うっかりしていると凸四角形だけを考えてしまっていたのではないだろうか？ 実際，凹四角形は教材にしにくいところがある。凹四角形でも，下左図のように，辺の中点を結ぶ線分の交点が四角形の内側にくる場合はまだ考えやすいが，右のように，交点が四角形の外側にくる場合では，そもそもどの部分を移動させるピースとみなすのか，またそのピースをどう動かしたらよいのかは，すぐにはわからないかもしれない。

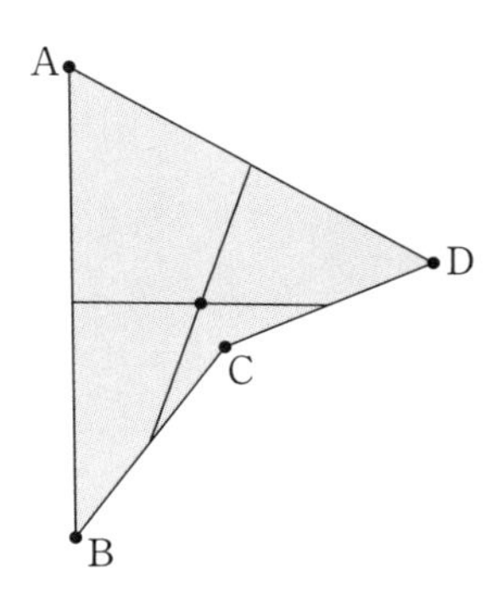

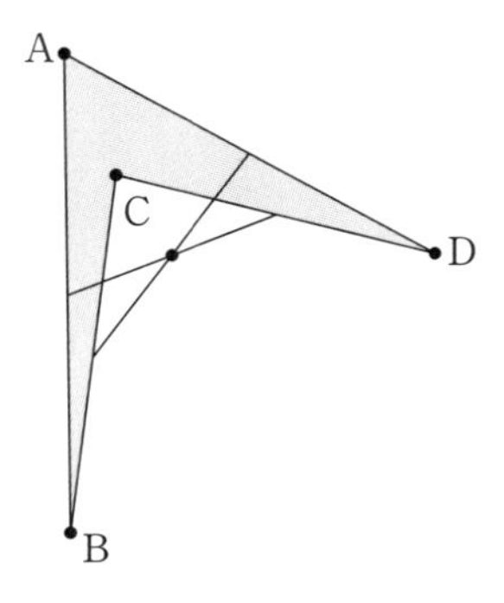

右のような場合に，どの部分をどのように移動させるのかを考えようとすると，記号の威力を感じることができる。見た目にとらわれると意外と混乱してしまうが，凸の場合と凹の場合に同じように記号を付け，凸の場合の移動の仕方を

記号で表現した上で，凹の場合もその表現にしたがって動かしてみると，なんとか今の場合の“はとめ返し”を考えることができる。とは言え，念頭で操作するのはなかなか難しい。ここは，上の四角形を紙で切り抜き，実際に動かしてみる方が動きを確認しやすい[3]。こうした活動を私たち自身がやってみると，たとえ中学校の数学であっても，小学校の算数と同様に，具体物を操作して考えることが大切な場合もあることが，改めて実感できるであろう。

では適当な部分を移動させることができたとして，移動した結果は果たして平行四辺形になるだろうか。このような場合は例外として除く必要があるのだろうか。それとも，きちんと「どんな」四角形のときでも成り立つと言えるだろうか。もしもまだ試されたことがないようであれば，是非試してみていただきたい。数学的活動の感じがつかめるのではないかと思う。

ここまで何度か取り上げてきた，一方の正方形が他方の正方形の中心のまわりに回転する問題についても，この図形が正方形でないときにも同様の結果が成り立つのかを考えると，私たちが探究を始めるきっかけとなる。また，はとめ返しの場合と同様に，正方形の場合に面積が一定であることを示した証明を振り返ることで，どのような条件があれば同様の結果が言えそうかの見当もつき，証明の新たな役割を感じることができる。

命題の逆が一般に真であるとは言えないことから，命題の逆が成り立つのかを考えることも，私たちが「なぜ？」「なるほど！」を体験するきっかけとなりうる。第3章で取り上げた連続する3つの整数の和を考えてみよう。疋田（2015）の授業では，生徒から「－1，0，1」のときも和が3の倍数になっていると言えるのかという意見が出されているが，これは上で凹四角形の場合を考えたように，考える範囲を拡張して調べることになっている。また何人かの生徒は4つの数の和などを自分で考えている。私たち教師も，生徒たちに負けずにいろいろと拡張をしてみよう。

連続する3つの整数の和は3の倍数になるが，逆に，どんな3の倍数も3つの連続する整数の和で表すことができるだろうか。連続する4つの整数の和は4の倍

3　作図ツールでも考えることができる。興味のある方は以下のHPで，もとの四角形を凹四角形にして，どのような結果になるか観察してもよいであろう。ただし，はとめ返しが紙や板などで作るものであるとすれば，やはり紙で作ってその動きを確認することもやってみていただきたい。
http://www.juen.ac.jp/g_katei/nunokawa/DynamicMath2/Hatome1_2.html
http://www.juen.ac.jp/g_katei/nunokawa/DynamicMath2/Hatome2_2.html

数にはならないが，どんな数になるかは文字式を使えばすぐにわかる。逆に4の倍数はどんな連続する整数の和で表せるだろうか。12は4の倍数であると同時に3の倍数でもあるので，当然，3＋4＋5と連続する3つの整数の和としては表すことができる。ところが，同じ4の倍数でも4や8はいくつかの連続する整数の和で表す方法が見つからないように思える。2つの整数の和でも，3つの整数の和でも表せない。では，4の倍数のうち，連続するいくつかの整数の和で表すことのできるのは，どのようなものなのだろうか。

この命題の逆をさらに一般化すれば，連続するいくつかの整数の和で表せるのはどのような数だろうか，という問いが生まれてくる。上のことから3の倍数はすべてこうした数になる。5＝2＋3や10＝1＋2＋3＋4のように，偶数個の和でしか表せない数もあるが，もちろんこうした数も，表せる数に含めることにする。

生徒が抱いていた「連続する3つの整数の和が3の倍数になるなら，4つの整数の和は4の倍数なのか？」という問いをきっかけに考えて行くと，このようにちょっとした数学的活動を体験できる。そして，その活動を進めていくと，上で生徒から出されたとして紹介した「－1，0，1」という3つの数の和に着目することや，第3章で取り上げた「なぜ？」に応える仕組みのアイデアが，ますます重要になることに気付く。もちろん，通常の授業においては，生徒から上の問いが出されたとしても，4つの数については“真ん中”が小数になるので4×整数の形にできないことを確認するとか，$n+(n+1)+(n+2)+(n+3)=4n+6$となり，4の倍数にならないことを確認するとかしかできないだろう。ただ，私たち教師がそれで終わりにせずに，少し先を考えてみることで，私たち自身が「なぜ？」「なるほど！」を体験できる機会になる。また，そうした自らの探究の中で生徒たちのアイデアを改めて見つめ直すことができれば，彼らの素朴なアイデアが，実は大切な意味を持っていることに気付くことができる。授業中に生徒から同様のアイデアが出されたときに，この経験を私たちが持っているかどうかにより，生徒に対する評価も変わってくるであろう。

最後に，本当に単純な話を載せて終わりにしよう。

中学校3年の平方根の学習において，私たちは有理数を小数で表すと，有限小数か循環小数になることを教えている。また逆に，循環小数は分数の形に直せることについても授業で取り上げている。確かに有理数であれば，

$$\frac{1}{41}=0.02439024390243902439024390243902\cdots\cdots$$

と循環小数として表すことができる。ここで，本節でやってきたように，本当にいつでもなるのかな？とちょっと考えてみる。例えば，

$$\frac{1}{149}$$

はどうだろう？生徒たちに「どんな有理数も有限小数か循環小数になるんだぞ」と自信を持って説明できるためには，こんな分数でもそれが言えることを自分なりに納得している必要がある。この分数が有限小数なのか，それとも循環小数なのか，そもそも本当にそれらのうちのどちらかなのか，皆さんはどのようなやり方で納得されるだろうか。「本当だ！」を最もはっきりと実感できるのはどんなときだろうか？ 「なるほど！」となるにはどのような議論が効果的だろうか？とりあえず納得したあとで，さらに調べてみたいことが出てくるだろうか？

これらは数学的活動においても大切な側面と思われるし，それだけに私たちとしては生徒にそんな経験をしてもらいたいとも考える。だとすれば，私たち教師も，数学文化の先輩として，同様の経験を積んでおく必要がある。「そんなの当たり前」で片付けなければ，私たちにもそうした経験ができる可能性はまだまだ残されているのではないだろうか。

■■ 第4章の引用・参考文献

福沢俊之．(2001)．証明問題の解決活動に果たしうるカブリの役割について．上越数学教育研究，*16*，91-102.

布川和彦．(1999)．算数・数学の授業における意外性：解決過程の図式を視点として．上越数学教育研究，*14*，11-20.
(http://www.juen.ac.jp/g_katei/nunokawa/kaita/igaisei.html)

布川和彦，福沢俊之．(2001)．解決過程に見られる問いと問題場面の理解．上越数学教育研究，*16*，27-36.

岡本光司．(2001)．状況的学習論に基づく数学の構想と実践:生徒が「数学する」数学の授業．日本数学教育学会誌，*83*(*5*)，36-47.

一松信ほか．(2016)．中学校数学１．学校図書．p. 220.

一松信ほか．(2016)．中学校数学３．学校図書．p. 40.

第5章 ユーザー目線で考えてみる

ここまで，生徒たちが数学を学ぶようすから私たち教師が学べることを考えたり，生徒の目に数学がどのように映るかを想定しながら，私たちの指導で工夫できそうなことを考えてきた。最後に，多くの生徒と私たち数学の教師との大きな違いについて考えてみたい。

私たち数学の教師は，数学が好きであり，数学の問題を解いたり，その解法や発展のさせ方について知人と話し合うのを楽しいと感じる。さらに，そうした好き嫌いを越えて，私たち数学教師は数学を教えることを仕事としている。つまり，私たちにとっては，数学そのものが仕事で扱う対象であり，また同時に考えるべき魅力的な対象でもある。

ひるがえって生徒の側はどうであろう。好き嫌いについては一概には言えないであろうが，もちろん嫌いな人，苦手な人も多くいるであろう。と同時に，数学の好き嫌いとは別に，将来的に数学自体を探究の対象としたり，教える対象としたりする人よりも，むしろ数学を1つのツールとして利用する人の方が多いのではないだろうか。つまり，数学ユーザーとなるであろう人の方が，数学自体を何かの対象とする人よりも多いのではないかと考えられる。

もしも，こうした前提を認めていただけるのであれば，中学校の数学の授業を考えるときにも，ユーザー目線も考慮する必要があるのではないだろうか。数学を実際に発展させ続けている数学者，数学という文化を次の世代に伝える私たち数学の教師の視点とは別に，数学を主にツールとして使う立場にいる数学ユーザー，あるいは将来のユーザーから見てどう見えるか，という観点からも数学の授業を検討してみる必要があるだろう。

では，ユーザー目線で大切なことは何だろうか？ 私たちが最近，タブレットやスマートフォンを好んで利用するのは，それが私たちにとって便利だからではないだろうか。そして，便利に利用している人の多くは，タブレットやスマートフォンの仕組みをほとんど知らないのではないだろうか。私自身も毎日タブレット端末のお世話になっているが，そこに入れている学習指導要領のファイルが，どのような仕組みで保存され，画面に表示され，さらには画面上で操作できるのかを全く知らない。

もちろん仕組みを知っていれば，より自由にそれらの機器を利用したり，利用方法を工夫したりできる。しかし，とりあえず大切なのは，それらの機器の便利さを感じることである。

数学についても，日常的な場面や現実的な場面から作られた課題を紹介した書籍も多く出されており（例えば，小寺，2004；西村，2010；大澤，2007），さらに数学的モデル化の指導のあり方についても多くの研究が蓄積されている。しかし，そうした課題を利用すればユーザー目線からも意味のある授業になるとは言い切れない。「数学を使っても解ける」という限りでは，おそらくユーザーからは受け入れてもらえない。数学が得意でない人からすれば，「数学を使わなくても解ける」ということになり，説得力が十分でなくなるからである。

やはり「数学があるからこそ解ける」「数学がないと無理っぽい」と感じてもらうことが，ユーザーに便利さを感じてもらうためには必要だと考えられる。

ユーザー目線で数学の利用が魅力的に見える可能性を探るには，私たち教師がまずそうした魅力を知っている必要がある。そこで，以下では，自分なりに現実的な場面を数学を使って考察し，自分なりに納得し，ツールとしての中学校の数学の便利さを感じた経験を1つご紹介したい。

第1節 ボールを投げる

1つの例として，ボールを投げたときに届く距離を考えてみることにしよう。とはいえ，実際のボールを投げる状況をそのまま考えると手に余るので，まずはボールは回転しないと仮定してみる。よく知られているように，ボールが回転すると重力以外の力が生まれ，ボールに働き，状況が複雑になる（姫野，2000）ので，回転しておらずボールが自由落下をすると考えてみるのである。このような理想化をすることで，比例と2乗に比例する関数で考えることができる。したがって，理想化した近似的な考察であれば，中学校の数学の範囲でも何とか太刀打ちができそうである。

中学校の数学の教科書では，落下し始めてからx秒間にym落下したとして，xとyの間に$y=5x^2$という関係があると説明されていることが多いが，ここでは，重力加速度としてふつう用いられる$g=9.8$［m/s²］により，$y=4.9x^2$として考えていこう。投げたボールが何秒で地面に落ちるかは，地面につくまでに落ちる距離yで決まる。つまり，ボールが投げる人の手を離れたときの高さが問題になる。手を離れる高さは投げる人の身長や投げ方に依存するが，ここでは仮に地上から1.8mの高さであると設定してみる。

ボールを投げるときに1.8mの高さで離したとすると，

$$1.8=4.9x^2$$

という方程式が得られる。中学校3年の学習により，$x\fallingdotseq 0.6061$と求められる。つまり，手を離れてから約0.6061秒後に地面に落ちることがわかる。この地面に落ちるまでの間にボールが何m飛ぶかは，今度はボールが手から離れるときの速さに依る。速さが一定とすると，飛ぶ距離は速さに比例することになる。

例えば野球部のピッチャーが時速120kmのボールを投げるとすると，秒速では約33.3mとなる。したがって，0.6061秒の間には，$33.3\times0.6061=20.18313$より，約20.2m飛ぶことになる。つまり，地面に落ちるまでに約20.2m飛ぶことがわかる。

これが大リーグのピッチャーが時速160kmのボールを投げる場合であれば，秒速では約44.4mとなるので，0.6061秒の間に飛ぶ距離は，$44.4\times0.6061=26.91084$となり，地面に落ちるまでに約26.9m飛ぶことがわかる。

実は自分は野球をやらないので，この26.9mという距離がどの程度かがわからず，プロのピッチャーの投げるボールが，回転の影響を無視したときには，27m程度しか飛ばないことに違和感を感じた。しかし，よく考えてみると，ピッチャーからキャッチャーまでの距離が約18.44mであること，またフォークボールでは球速が少し遅くなることもあり，この18.44mの間にある程度垂直方向に落ちることを考えると，おかしな数字ではないと思えるようになった。数学の教師をしていても，数学で得られた結果が妥当なのかは，他の情報と付きあわせてみないと確信が持てないのだと実感する。

ところで，1.8m の高さで離したボールが地面に落ちるまでの間に水平に飛ぶ距離は，離したときのボールの速さを x，飛ぶ距離を y とすると，次のような比例の式になっていた。

$$y=0.6061x$$

ということは，ボールの速さ x がもっと速くなると，あたりまえだが，もっと遠くまで飛ぶことになる。地球がだいたい球面であることを思い出すと，かなり遠くまで飛ぶと，そこでの地面の位置は，投げた場所での地面の高さに対して少し下がっていると考えることができる。だとすると，その低くなっている分だけ，遠くまで飛ぶのではないだろうか？（下図）

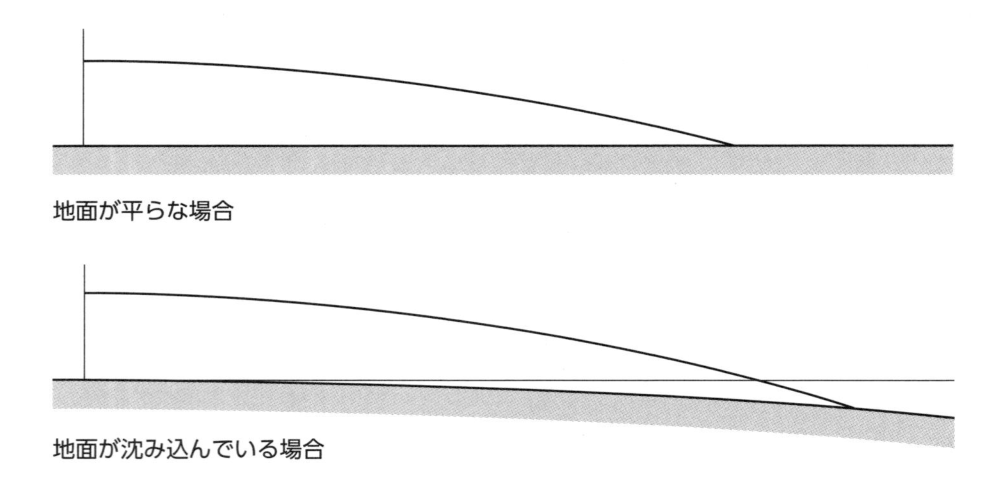

投げる速さをさらに速くして，ボールが飛ぶ距離をもっと延ばしたらどうなるだろうか？ ボールが飛んだ先の地面は，投げた場所の地面に比べてさらに沈み込んでいると考えられる。このように考えていくと，ボールが1.8m 落ちる間に，もしも地面の方も投げた場所の地面に比べて1.8m 沈み込んでいるようなところまでボールが飛ぶことができたら，飛んだ先の地面を基準に考えたときには，ボールは相変わらず1.8m の高さにあることに，つまり実質的にはボールは落ちていないことになるのではないだろうか（右ページ上図）。このように想像を膨らませていくことができる。

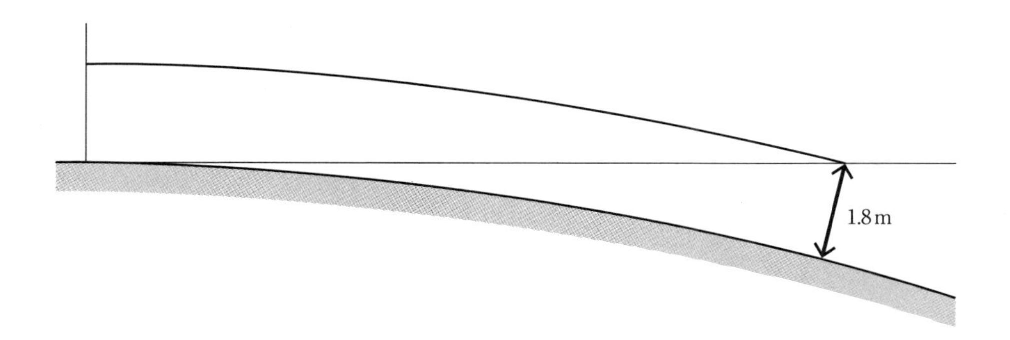

ここでさらに理想化をして，空気の抵抗などによりボールの速さが遅くなることがないと仮定をするならば，この実質的にボールが落ちていないと考えられる地点でも，ボールはもとの速さのまま飛んでいるということになる。つまり，この新たな地点（上図の「1.8m」の線分を立てた地点）から改めてもとの速さと同じ速さでボールを投げたのと同じことになる。そして，地球が同じような曲がり方で沈み込んでいると考えるならば，次にボールが1.8m落ちる間に地面の方もまた1.8m沈み込むことになり，上図と同じ状況が現れる。

このように，ボールが1.8m落ちる間に地面も1.8m沈み込み，実質的にはボールは落ちていないという状況が，繰り返し現れると想像すると，その先にはどのようなことが起こるだろうか。これを繰り返していくと右図のようになるので，結局ボールは実質的には落ちずに飛び続けることになりそうである。

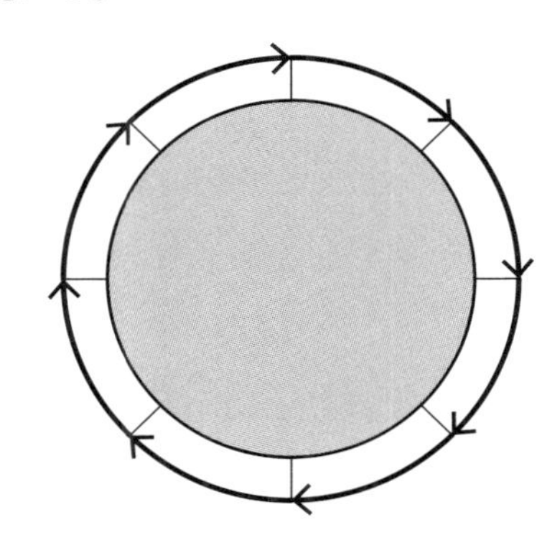

そして，飛び続けていって，地球を１周するのではないかと考えられる。

そうなると，ボールが1.8m落ちる間にもとの場所の地面に比べて1.8m沈み込んでいるようなところまでボールが飛ぶことができるためには，いったい投げるときのボールの速さはどのくらいであればいいだろうか？ これは言いかえれば，0.6061秒間で1.8m沈み込んでいる地点まで飛ぶことのできる速さということになる。

これを調べるのに，もちろん円の方程式をもとに考えることもできる。地球の半径を約6378kmと考えて，原点中心，半径6378kmの円の方程式を作り，点(0, 6378)からy座標が1.8m，つまり0.0018kmだけ小さくなる点のx座標を求めればよい。ただし，円の方程式など中学校の数学の範囲を越える内容を含んでしまう。

もう少し工夫をして，中学校の数学で扱える範囲でできないかと考えてみると，次のようなことに思い至る。

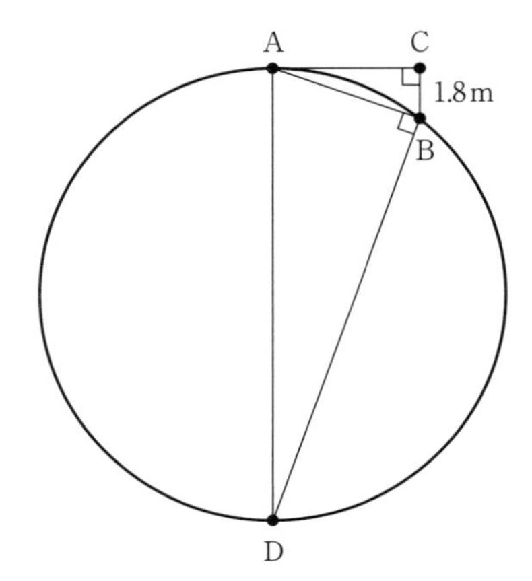

右図の点Aの位置からボールを投げるとし，そこから見て地面が1.8mだけ沈み込んでいる位置を点Bで表す。このとき，ボールの速さを求めるのに，点Aから点Cまでの距離を求めたい。

点Aに対して地球の反対側の点を点Dとすると，△ABCと△DABは相似であることに気付く。ここで，条件から辺BCの長さは1.8m，つまり0.0018kmである。また辺ADの長さは，地球の直径，つまり半径の2倍であるので，上で述べたように半径を約6378kmとすると，

$$\mathrm{AD} = 6378 \times 2 = 12756$$

となる。2つの三角形に長さのわかっている辺があり，さらに辺ABは2つの三角形に共通なので，相似を利用して式が立ちそうである。実際に作業を進めてみると，

まず△ABC∽△DABより，

$$\mathrm{AB} : \mathrm{AD} = \mathrm{BC} : \mathrm{AB}$$
$$\mathrm{AB}^2 = \mathrm{AD} \times \mathrm{BC}$$

を得る。さらに△ABCについて三平方の定理を用いると，

$$\begin{aligned}\mathrm{AC} &= \sqrt{\mathrm{AB}^2 - \mathrm{BC}^2} \\ &= \sqrt{\mathrm{AD} \times \mathrm{BC} - \mathrm{BC}^2} \\ &= \sqrt{\mathrm{BC}(\mathrm{AD} - \mathrm{BC})}\end{aligned}$$

となる。ここに$\mathrm{AD} = 12756$，$\mathrm{BC} = 0.0018$を代入して計算すれば，

$$\mathrm{AC} \fallingdotseq 4.7917$$

とACの値を求めることができる。つまり，ボールが自由落下で1.8m落ちる0.6061秒の間に，およそ4.7917kmだけ飛ぶようなボールを投げると，ボールは地球を一周できるのではないかと予想される。このボールの速さを求めてみると，4.7917÷0.6061≒7.9058より，およそ秒速7.9kmとなる。

実は調べてみると，この秒速7.9kmというのは，第一宇宙速度と呼ばれるものであることがわかる。地球上で，衛星が地表すれすれに回ると仮定したときの，仮想的な円軌道を描くための速さだそうである。仮定の設定の仕方や，有効数字の考慮がないことなど，理科の先生からはお叱りを受けそうな思考であるが，それでも，自分の興味を満たすことはできたように思う。また，中学校の数学を使うだけで，このような結果を導くことができ，改めて数学の威力を感じることもできた。

なお，上では２つの三角形の相似を利用してACの距離を求めたが，中心をOとするとき△AOCという直角三角形に対して三平方の定理を利用しても，同様の結果が得られるようである。辺OCの長さはいまのところわからないが，地球の半径にくらべて1.8mという長さが非常に小さいので，∠AOCの大きさが実際は0°に近くなり，OCの長さをOB+CB＝地球の半径＋0.0018と考えて計算をしても，ほぼ同じ結果が得られるのだと考えられる。

第２節 ユーザー目線から感じること

以上，自分なりの興味から出発し，中学校の数学の範囲で考えて進めてみた経験を書かせていただいた。こうした活動を自分でやってみると，数学の威力を改めて感じるとともに，同時に，数学を利用するときにいろいろなことを感じることに気付く。それらの感じは，数学のユーザーが感じること，あるいは数学の学習者が感じることでもあるだろう。

例えば，自分の数学の使い方や，それにより得られた結果に対する信頼性の問題がある。

実は自分で上のように求めた際に，得られた結果ついては，第一宇宙速度と同じになるということで，「まあ大丈夫かな」と感じることができた。しかし，途中の考え方が，これで本当によいのか自信が持てなかった。考え方や数学の適用のしかたは全く間違っているのだが，たまたま結果だけが合ってしまったのではないか，との疑念を拭いきれなかった。第一宇宙速度を紹介しているホームページのほとんどでは，運動方程式を用いてその値を導いているために，自分の考え方が正しいのかまでは，確認することができなかったのである。

しばらく検索をしているうちに，幸い，神奈川県立高校の物理の教諭である山本明利先生のページ[1]を見つけ，「物理の初学生でも理解できる方法」として同じやり方が紹介されていたことで，ようやく上のやり方でもよいだろうとの感触を得ることができた。

自分のこのときの気持ちは，数学を適用してみたものの，その正しさは自分の思考だけでは確信できず，山本先生のような専門家が同じ考え方を紹介しているということを知って，はじめて安心ができたということになる。これは，多分に自分の理科についての知識があやしいことに依るのであるが，適用している現象についての専門家から「これでもいいよ」と保証してもらえることが，数学を適用する上では必要な場合もあると感じた。

こう考えてみると，私たちが授業で現実的な場面を取り上げたときも，生徒たちが同じような感じを抱いている可能性も考慮する必要のあることがわかる。取り上げた課題については，単に数学を当てはめて答えを求めて終わりにしてよいか，それで生徒たちは「確かに数学を適用して結果が得られた」と実感してくれるか，あるいは別の保証を与える手立てが必要かなどを考えるということである。

例えば，三平方の定理を学習する際に，高いビルや富士山が見える範囲を求めるという課題を扱うことがある。確かに，三平方の定理に必要な数値を当てはめて計算をすれば結果は得られるのであるが，これで本当に求まったのかについては別に保証する必要があるのかもしれない。2014年まで筑波大学附属高校で地理を担当され，富士山展望の専門家としても有名な田代博先生のご著書（田代，

1　http://www2.hamajima.co.jp/~tenjin/labo/otinai.htm（2016年2月6日アクセス）

2011）では，どこから富士山が撮影されたのかの情報や写真の一部が紹介されている。そうした数学とは別ルートで得られた情報と，数学を利用して求めた結果とがおおよそ一致する，あるいは他の要因も考慮すれば一致すると見なせることを確認することは，「確かに数学を適用して結果が得られた」という生徒の感覚を高めることに役立つものと期待される。

この課題は20年以上の前の書籍（松宮と柳本，1995）にも見えるが，その際にもビデオの映像を利用し，数学で求めた結果が現実での見え方に合うことを確認する作業を採り入れていたことに注意したい。また，そうしたビデオによる確認を経たとしても，生徒からは「実際にその場所に行って，それがどのくらい正確かやってみたい」との感想が出たことも大切な点であろう。

また，第1節での活動を振り返ると，実際に計算に持ち込むために，ところどころで仮定を設定している。逆に言えば，私たちが現実的な場面からの課題に数学を利用する際には，多くの仮定のもとで考えていることを，改めて感じた。例えば，上の速さを求める部分では，辺ACの長さを求めた。ACが数十mレベルならそれで問題ないだろうが，上のように数kmレベルになったとき，本当に直線的なACを求めてよいのか，それとも円周にそった長さを求める方がよいのか，どちらだと問われると正直「う～ん」となってしまう。上の結果は，そうしたいくつかの「う～ん」となりそうなポイントを通過した上で得られたものだということを，自分でも認めざるを得ない。

したがって，設定した仮定を意識することは，一方では数学を利用した解決の限界を示すとも言える。しかし他方では，仮定を意識しているからこそ，その仮定自体を修正し，それに合わせて数学モデルの方も修正することで，より現実的な解決に近づく可能性を示すものとも言える。

以上のような，問題を自分なりに解いてみたものの，正しいのかどうか自信が持てない状態や，そこから解けたという安心感をどのように得るかの過程を自ら経験すること，あるいは自分で解いていく中で，実はいろいろな仮定を置いていることを改めて感じることは，問題を解いたときの中学生の気持ちを想像するのには役立つであろう。ユーザーの目にどのように映るかは，やはり自分がユーザーになって使ってみるのが一番わかりやすいということであろう。

ツールによって人の動き方が変わることがある。例えば，人と待ち合わせることを考えてみよう。筆者は携帯やスマートフォンをふだん使わないので，人と待ち合わせるには，事前にメールや電話で場所と時間を正確に決めて，そしてその場所に決められた時間までに行くしかない。しかし，携帯電話を利用している人からすれば，およその場所と時間を決めて，あとは携帯電話で微調整をして会えば済むであろう。以前は列車の中で「うん，今何両目にいる」といった会話をしている人を見たのは，この微調整の作業をしていたのであろう。さらに最近はSNSを利用して短いメッセージをリアルタイムにやりとりするのが普通であれば，移動しながら逐次近似のように近づいて行けば，最終的にはうまく会えるであろう。

同様に，数学のツールを身につけている人とそうでない人とでは，同じ課題に直面したときにも，どのように対応するか，どのような過程を経て解決するのかは異なってくることが予想される。私たち数学の教師としては，生徒に数学というツールを身につけてもらい，課題に対処するためのツール，あるいは思考のツール（川添と岡本，2012）として利用してもらいたい，それにより世界との向き合い方のレパートリーを1つ増やしてもらいたいと希望しているであろう（布川，2011）。

このツールを生徒に「お薦め」する以上，私たちがまずそのツールの魅力を知っている必要があるし，そのためには自分でもツールを利用した経験を豊かにしておくことが必要であろう。数学の魅力を知るためにも，またそれを使う人の心理を知るためにも，やはり私たちがまず使ってみることも大切なのだと思われる。

なお，現実的場面に関わる課題を数学を利用しながら自分で考えた場合，専門的な見地からは誤った推論をしてしまうこともある。最後に，これに関わる自分の経験を1つ書いておきたい。

同じような動物の場合，なんとなく寒い地域にいる種類の方が大きいように思われる。マレーグマよりホッキョクグマの方がかなり大きいようであるし，また同じニホンジカであっても，屋久島のシカよりも北海道のシカの方が大きいという話もあり，それはベルクマンの法則と言うそうである[2]。この大きさのことがなんとなく気になった際に，数学を用いて次のように考えてみた。

動物の複雑な形をそのまま考えるのは自分には無理なので，理想化して球体だと考えてしまう。そのうえで，体の中で作るエネルギーは脂肪などによるだろうから，球体の体積に比例するだろう。他方で，体表から逃げる熱は表面積に比例するだろう。つまり，球体の半径を r とすると，エネルギーは r の３乗に比例し，逃げる熱は r の２乗に比例する。したがって，作られるエネルギーと逃げる熱の比は半径 r に比例すると考えられる。寒い場所でできるだけエネルギーを使いたい場合は，比の値が大きい方が有利と思われるので，サイズの大きくなるのであろう。

自分としてはここまで考えてとりあえず納得した。実際，ベルクマンの法則を同じように説明しているものも多く見られる。しかし，ある時，生物学者・本川達雄先生の「ゾウの時間・ネズミの時間」を読んでいたら，動物のサイズのことは，上の体積と表面積との比で説明できるほど単純なものではなく，むしろそれとは異なる規則性が見られるといった説明がされていた (pp. 30-39)。

数学を利用して一定の知見を得たとしても，もとの現実的な場面に戻って吟味してみることは，生徒たちが将来，数学のユーザーとなった際にも必要なことであろう。また自分なりに数学を利用して考えていたからこそ，本川先生の本を読んだときに印象に残ったのだろうと思われる。そして何よりも，人が完成した説明を読むだけではなく，自分でも考えてみたからこそ失敗したのだとも言える。それらの点から，あえて自分の失敗談を紹介して，本書を終えることにしたい。

2　朝日新聞・ののちゃんのDo科学「寒いところにすむ動物はなぜ大きい？」
http://www.asahi.com/edu/nie/tamate/kiji/TKY200805200200.html

■■ 第5章の引用・参考文献

姫野龍太郎. (2000). 魔球をつくる：究極の変化球を求めて. 岩波書店.

川添充, 岡本真彦. (2012). 思考ツールとしての数学.　共立出版.

小寺隆幸. (2004). 数学で考える環境問題：現実のデータから関数をつくる. 明治図書.

松宮哲夫, 柳本哲. (編著). (1995). 総合学習の実践と展開：現実性をもつ課題から. 明治図書.

溝田武人, 久羽浩幸, 大原慎一郎, 岡島　厚. (1997). フォークボールの不思議？：沈む魔球フォークボールの空気力学. 日本風工学会誌, *70*, 27-38.
(http://www.fit.ac.jp/˜mizota/forkball.htm)

本川達雄. (1992). ゾウの時間ネズミの時間：サイズの生物学. 中央公論社.

西村圭一. (編著). (2010). 中学校新数学科・活用型学習の実践事例集. 明治図書.

布川和彦. (2011). 数学が生徒たちのよきパートナーとなるために. 教科研究中学校数学(学校図書), *193*, 2-5.

大澤弘典. (2007). 中学校数学・生活の中の数学：実社会のできごとを数理的にとらえる20の教材. 学校図書.

尾山大輔, 安田洋祐. (編著). (2013). 経済学で出る数学：高校数学からきちんと攻める. 日本評論社.

田代　博. (2011). 「富士見」の謎：一番遠くから富士山が見えるのはどこか？　祥伝社.

おわりに

中学生はある意味で，数学という文化の入り口に立つ異文化の人たちです。そのため，数学文化にどっぷりつかった私たち数学教師とは少し違うものの見方・考え方をするのも，異なる価値観を持つのも自然とも言えます。もちろん，私たちとしては数学という文化のおもしろさ，すばらしさを知ってもらいたいと思うのですが，それは異文化の人に自分の文化のよさを伝える作業となります。ですから，その作業を効果的なものとするには，異文化の人の視線にたって作戦を練ることも必要なことではないかと思います。

本書で見てきた生徒の姿は，この本をご覧の先生方の多くが，日頃から目にされている姿かもしれません。そうしたちょっとした姿を蓄積し，互いに情報交換し，そしてその姿が示す意味を考えることからも，私たちが授業や指導をする際のヒントは得られると期待をしています。

実はそうした研究を前面に出そうと，本学大学院では平成12年度に学習臨床コースを開設しました。その意義はなかなか大学には浸透せず，結果として平成28年3月をもって「学習臨床」の四文字は消えることになってしまいました。しかし，こうした取り組みが意義のあるものであることは，今でも信じていますので，個人的にはこれからも生徒たちの姿を蓄積し，またそこから学ぶという営みを続けていこうと思います。こうした営みに少しでも興味を持っていただけたら幸いです。また生徒の姿を通して，私たち自身の「あたりまえ」を問い直してみるおもしろさも感じてもらえればと思います。

本書を作るにあたっては，学校図書の大関信昭さんと小林雅人さんにお世話になりました。私の書いた原稿をていねいに読んでくださり，誤りの修正や読みやすくするアドバイスをいただきました。もしも読者が「けっこう読みやすかった」と感じてくださったならば，それはお二人のおかげです。ありがとうございました。

■■ 著者紹介

布川 和彦　（ぬのかわ かずひこ）

上越教育大学大学院教授
日本数学教育学会資料部幹事・論究部幹事
Educational Studies in Mathematics誌 Editorial Board

【論文】

"Mathematical problem solving and learning mathematics: What we expect students to obtain"（Journal of Mathematical Behavior誌），

"Proof, mathematical problem-solving, and explanation in mathematics teaching"
("Explanation and Proof in Mathematics: Philosophical and Educational Perspectives" 所収）

ほか

【ホームページ】

http://www.juen.ac.jp/g_katei/nunokawa/nunokawa.html

中学校数学の授業デザイン 2
布川和彦 著
生徒の姿から指導を考える

2016年6月17日　初版第1刷発行

著　者　布川和彦

発行者　奈良　威

発行所　学校図書株式会社
〒114-0001 東京都北区東十条3-10-36
TEL 03-5843-9432　FAX 03-5843-9438
http://www.gakuto.co.jp

ISBN C3041 978-4-7625-0180-7
定価はカバーに表示してあります。落丁・乱丁はお取り替えいたします。